助力乡村振兴
出版计划

【现代种植业实用技术系列】

南方水稻
主要灾害的防控技术

U0396034

主　　编	吕　凯				
副主编	刘桂民	李　成	郑兆阳		
编写人员	马书芳	王　斌	王元辉	王学林	王京京	孔令娟

	石　珊	田　卉	朱贤东	江　懿	江兆春	孙光忠
	孙善军	李　燕	李庭奇	李继红	吴佳文	何永红
	宋建辉	张立平	陈　磊	陈再高	陆道训	林　锌
	周　成	郑静君	姚卫平	姚晓明	袁　松	袁　斌
	钱国华	高正宝	黄一飞	蒋　莎	魏凤娟	

时代出版传媒股份有限公司
安徽科学技术出版社

图书在版编目(CIP)数据

南方水稻主要灾害的防控技术 / 吕凯主编.--合肥：
安徽科学技术出版社,2021.12
助力乡村振兴出版计划.现代种植业实用技术系列
ISBN 978-7-5337-8480-5

Ⅰ.①南… Ⅱ.①吕… Ⅲ.①稻作病害-防治-南方
地区 Ⅳ.①S435.111

中国版本图书馆CIP数据核字(2021)第262885号

南方水稻主要灾害的防控技术　　　　　　　　　　　　　　主编 吕 凯

出 版 人：丁凌云　　　　　　　选题策划：丁凌云　蒋贤骏　王筱文
责任编辑：王 霄　程羽君　　　责任校对：沙 莹　责任印制：廖小青
装帧设计：王 艳
出版发行：时代出版传媒股份有限公司　http://www.press-mart.com
　　　　　安徽科学技术出版社　　　http://www.ahstp.net
　　　　　(合肥市政务文化新区翡翠路1118号出版传媒广场,邮编:230071)
　　　　　电话：(0551)63533330
印　　制：合肥华云印务有限责任公司　　电话：(0551)63418899
(如发现印装质量问题,影响阅读,请与印刷厂商联系调换)

开本：720×1010 1/16　　　印张：7.5　　　字数：97 千
版次：2021年12月第1版　　2021年12月第1次印刷

ISBN 978-7-5337-8480-5　　　　　　　　　定价：30.00 元

出版说明

　　"助力乡村振兴出版计划"（以下简称"本计划"）以习近平新时代中国特色社会主义思想为指导，是在全国脱贫攻坚目标任务完成并向全面推进乡村振兴转进的重要历史时刻，由中共安徽省委宣传部主持实施的一项重点出版项目。

　　本计划以服务区域乡村振兴事业为出版定位，围绕乡村产业振兴、人才振兴、文化振兴、生态振兴和组织振兴展开，由《现代种植业实用技术》《现代养殖业实用技术》《新型农民职业技能提升》《现代农业科技与管理》《现代乡村社会治理》五个子系列组成，主要内容涵盖特色养殖业和疾病防控技术、特色种植业及病虫害绿色防控技术、集体经济发展、休闲农业和乡村旅游融合发展、新型农业经营主体培育、农村环境生态化治理、农村基层党建等。选题组织力求满足乡村振兴实务需求，编写内容努力做到通俗易懂。

　　本计划的呈现形式是以图书为主的融媒体出版物。图书的主要读者对象是新型农民、县乡村基层干部、"三农"工作者。为扩大传播面、提高传播效率，与图书出版同步，配套制作了部分精品音视频，在每册图书封底放置二维码，供扫码使用，以适应广大农民朋友的移动阅读需求。

　　本计划的编写和出版，代表了当前农业科研成果转化和普及的新进展，凝聚了乡村社会治理研究者和实务者的集体智慧，在此谨向有关单位和个人致以衷心的感谢！

　　虽然我们始终秉持高水平策划、高质量编写的精品出版理念，但因水平所限仍会有诸多不足和错漏之处，敬请广大读者提出宝贵意见和建议，以便修订再版时改正。

本册编写说明

　　水稻是我国最重要的粮食作物之一,常年种植面积约3 000万公顷,其中南方稻区占我国水稻播种面积的90%以上,在保障我国粮食安全中具有极其重要的地位。

　　近年来,全球气候异常导致夏季涝害、高温热害、水稻倒伏等自然灾害频繁发生,给南方水稻的安全生产带来了严重的威胁。此外,气候变化还加重了南方稻区病虫草害的发生。南方已知的、统计在册的水稻病虫害种类就有30余种,且水稻病虫害发生持续时间长,生长各个时期均受到病虫害的影响。如水稻苗期易发生稻瘟病、恶苗病等病害;分蘖期则会出现稻飞虱、细菌性条斑等;抽穗期除了稻飞虱为害外,还会出现稻纵卷叶螟、纹枯病等病虫害。因此,对病虫草害的有效防控是实现水稻稳产丰产的前提。

　　本书集成了近年来我国南方稻作区技术推广一线中青年专家在南方水稻灾害防控的科技成果,以现场演示、图文标注、动画剖析等方式表达,文字、图片、视频相互对应,内容全面、系统、丰富,形式活泼多样,展示了南方水稻灾害防控的最新技术,突出了现代生物技术、信息技术飞速发展背景下,水稻灾害机理、规律及可持续控制的技术知识。同时应用技术培训宣讲、电视台、官方网络平台、手机APP等全媒体渠道推广。

　　本书主要内容包括水稻涝灾、水稻倒伏、水稻高温热害3种自然灾害的预防、自救措施;稻瘟病、纹枯病、稻曲病、矮缩病、细菌性条斑病、条纹叶枯病、白叶枯病7种水稻主要病害的识别与防治;稻飞虱、水稻螟虫、稻纵卷叶螟、水稻蓟马4种水稻主要虫害的识别与防治;以及水稻田间杂草的识别与防除技术。本书着重介绍了每种水稻灾害的分布、为害症状、发生原因及防治方法。

目　录

第一章　南方水稻涝灾的特点及自救 ………………………… 1
　第一节　洪涝对水稻的影响因素 ……………………… 2
　第二节　水稻遭受洪涝灾害的症状 …………………… 3
　第三节　鉴定水稻是否死亡 …………………………… 7
　第四节　水稻遭受洪灾后的补救措施 ………………… 7
　第五节　改种技术 ……………………………………… 10

第二章　水稻倒伏的原因及预防措施 ……………………… 12
　第一节　水稻倒伏的原因 ……………………………… 13
　第二节　水稻倒伏的预防措施 ………………………… 15
　第三节　水稻倒伏后的补救措施 ……………………… 20

第三章　水稻高温热害的预防 ……………………………… 22
　第一节　水稻高温热害的成因及危害 ………………… 22
　第二节　水稻高温热害发生的规律 …………………… 23
　第三节　水稻高温热害的预防措施 …………………… 24
　第四节　水稻高温热害的补救方法 …………………… 26

第四章　稻瘟病的识别与防治 ……………………………… 28
　第一节　稻瘟病的为害症状 …………………………… 28
　第二节　稻瘟病的发生因素 …………………………… 31
　第三节　防治稻瘟病的方法 …………………………… 32

第五章　水稻纹枯病的识别与防治 …………………… 34

第一节　发病症状 ……………………………… 34

第二节　侵染循环 ……………………………… 36

第三节　发病规律 ……………………………… 37

第四节　防治方法 ……………………………… 37

第六章　水稻稻曲病的识别与防治 …………………… 39

第一节　发病症状 ……………………………… 39

第二节　发生因素 ……………………………… 40

第三节　防治方法 ……………………………… 41

第七章　水稻矮缩病的识别与防治 …………………… 44

第一节　发病症状 ……………………………… 44

第二节　发病规律 ……………………………… 45

第三节　防治方法 ……………………………… 47

第八章　水稻细菌性条斑病的识别与防治 …………… 51

第一节　发病症状 ……………………………… 51

第二节　病害循环 ……………………………… 52

第三节　发病因素 ……………………………… 53

第四节　防治方法 ……………………………… 54

第九章　水稻条纹叶枯病的识别与防治 ……………… 56

第一节　发病症状 ……………………………… 56

第二节　发病规律 ……………………………… 58

第三节　防治方法 ……………………………… 59

第十章　水稻白叶枯病的识别与防治 …………………… 62
　第一节　发病症状 …………………………………… 62
　第二节　病害根源 …………………………………… 63
　第三节　传播与侵染 ………………………………… 64
　第四节　发病规律 …………………………………… 65
　第五节　防治方法 …………………………………… 66

第十一章　稻飞虱的识别与防治 ………………………… 69
　第一节　分布与为害 ………………………………… 69
　第二节　形态特征 …………………………………… 70
　第三节　生活习性 …………………………………… 73
　第四节　影响因素 …………………………………… 75
　第五节　防治措施 …………………………………… 76

第十二章　水稻螟虫的防治 ……………………………… 80
　第一节　大螟的形态特征和为害症状 ……………… 80
　第二节　二化螟的形态特征和为害症状 …………… 82
　第三节　三化螟的形态特征和为害症状 …………… 83
　第四节　水稻螟虫的综合防治技术 ………………… 84

第十三章　稻纵卷叶螟的识别与防治 …………………… 86
　第一节　为害症状 …………………………………… 86
　第二节　形态特征 …………………………………… 87
　第三节　发生规律 …………………………………… 89
　第四节　防治方法 …………………………………… 91

第十四章　水稻蓟马的识别与防治 ……………………… 93
　第一节　形态特征 …………………………………… 93

第二节　为害症状 ……………………………………………… 95

第三节　发生规律 ……………………………………………… 96

第四节　防治方法 ……………………………………………… 97

第十五章　水稻田间杂草的识别与防除 ……………… 99

第一节　水稻田间杂草的识别 ……………………………… 99

第二节　水稻田间杂草的防除 ……………………………… 109

第一章 南方水稻涝灾的特点及自救

水稻是我国重要的粮食作物,种植面积非常广。它虽然是一种沼泽作物,耐涝能力较强,但是如果被洪水长期淹没,仍然会造成大面积的减产甚至绝收。在我国,每年的 7—8 月是高温多雨、台风频发的时期,沿河、沿江地区容易发生洪涝灾害。这个时期正好是单季中稻的孕穗期或灌浆乳熟期,双季晚稻也正好处于分蘖期,所以,当台风来势比较凶猛、暴雨比较集中时,水稻就难免受到洪水的侵袭,形成涝灾。

洪涝灾害的突发性和破坏性强,覆盖面广,造成的损失大,严重制约和影响水稻生产的持续和稳定发展。因此,如何最大限度地规避洪涝灾害风险,成为水稻生产的重要课题。自然灾害当然不可能轻而易举地被人为控制,重要的是当洪涝灾害发生后,我们应当如何采取积极的补救措施,把灾害损失降到最低。

今天,我们就向您介绍一下水稻遭受洪涝灾害后的一些症状和相关的补救措施。洪涝灾害对水稻的危害程度受淹水时间的长短、淹水的深浅、水温的高低,以及淹水的水质和流速等综合因素的影响,水稻的受害程度有轻有重。

下面,我们来了解一下这些因素都是如何影响水稻的。

▶ 第一节　洪涝对水稻的影响因素

一　淹水时间长短对水稻的影响

水稻受淹后,淹水的时间越长,受损的程度越大,减产越严重。水稻长时间淹没在水中,生理机能遭到严重破坏,从而导致茎叶受损,幼穗死亡增加,幼穗颖花和枝梗退化严重,结实率降低,千粒重下降。

二　淹水深浅对水稻的影响

在淹水天数相同的情况下,淹水越深,水稻受害越严重。浙江嘉兴地区农科所的一份调查显示,以单季晚稻孕穗期为例,如果这一时期的水稻没有受到洪涝灾害,也就是说最高水位在胎肚以下,以每亩(1亩≈667平方米)产量375千克为标准:淹没一半胎肚4天,每亩产量为325千克;淹没胎肚4天,每亩产量则为285千克;而如果水稻全部淹没在水中4天,每亩的产量才217千克,减产幅度约为42.1%。

三　水温高低对水稻的影响

淹水的温度越高,对水稻的危害会越大。如果淹没在水温为25℃以下的水中4天,一般来说,对水稻的生育和结实危害比较小;而如果水温在30℃以上淹没4天,一般是不容易恢复的,结实也不正常,危害比较大;如果在40℃的高温下淹没4天,稻株就会枯死,基本会颗粒无收。

四　水质和流速对水稻的影响

如果发生洪涝灾害时,水的流速快,水质浑浊,又夹带大量泥沙,对水稻的机械损伤会比较大,往往造成稻株被沙压致死亡,或茎叶、稻穗沾泥,影响正常的光合作用和开花结实,损失比较重。如果水质比较清,流速比较慢,一般对稻株机械损伤会比较小。其实,不仅仅在7—8月,水稻在整个生育期都有可能遭遇到洪涝灾害。

下面,我们来看看水稻在苗期、分蘖期、孕穗期和灌浆乳熟期,遭受洪涝灾害后,都有一些什么样的症状。

▶ 第二节　水稻遭受洪涝灾害的症状

一　水稻苗期受淹的症状

水稻在苗期遭受洪涝灾害后,秧苗瘦弱细长,脚叶呈黄绿色(图1-1)。洪水退去后秧苗有不同程度的倒靡现象,不过一般都能恢复生长。苗期淹水2~6天,排除积水后,几天就能恢复生长,只有部分叶片干枯;受淹8~10天,叶片都将干枯,仍然可以恢复生长。

淹水时间越长,死苗数会越多,出水后的秧苗变矮,分蘖数减少,基茎变窄,黑根增多。水退去后,其四周的边秧一般倒伏比较少。

图1-1　苗期受淹的水稻

二 水稻分蘖期受淹的症状

水稻在分蘖至拔节期受淹(图 1-2)时,稻株脚叶坏死,呈黄褐色或暗绿色,新叶略有弯曲,水退去后有不同程度的叶片干枯,一般不会引起腐烂死亡,但是这以后水稻的生育进程几乎会停止。

图 1-2　分蘖期受淹的水稻

出水后,水稻株高变矮,高位分蘖数增多,抽穗期延长,生育期延迟,产量下降。分蘖期淹水 2~4 天,排水后能逐渐恢复生长;淹水 6~10 天,由于分蘖芽和茎的生长点还没有死亡,所以排水后还能萌发新叶和分蘖。但是,淹水时间越长,生长会越慢。如果淹水时间持续加长,根系会严重受损,叶片主茎和分蘖节会相继死亡。

三 水稻孕穗期受淹的症状

孕穗期是水稻一生中对外界环境抵抗力最弱的时期,对外界不良条件反应十分敏感,这个时期受淹会出现烂穗、畸形穗等现象(图 1-3)。

没有死亡的幼穗、颖花和枝梗退化严重,抽穗后白秆多、畸形穗增多,而且抽穗和成熟期一般会推迟 5~15 天,每穗粒数减少,瘪谷增多。受害程度随淹水时间的长短、淹水的深度高低、受淹部位的不同而有所不同。

图1-3 孕穗期受淹的水稻

受淹 4 天以上,没顶的比未没顶的减产 41.9%;淹水 6 天以上,大部分都不能抽穗,而以后形成的高节位分支,部分抽穗而不结实。

四 水稻灌浆乳熟期受淹的症状

水稻灌浆乳熟期受淹,下部叶片枯萎,顶叶呈黄绿色(图 1-4),谷粒灰色有乳浆,少数谷粒在穗上发芽,千粒重下降,米质下降,发芽率降低。水稻灌浆乳熟后期受涝,如果水质浑浊,水流速度快,加之茎秆纤细,水稻很容易发生大面积倒伏,最终导致空秕粒增加,千粒重下降,减产严重。

图1-4 灌浆乳熟期受淹的水稻

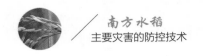

如果水温比较高,植株的呼吸作用旺盛,体内积累的营养物质消耗会加快,危害会更为严重。乳熟期淹水 7 天,不实粒和腐烂粒将占到 40% 左右。蜡熟期淹水 7 天,一般受害比较轻,还能有七八成的收获。

上面介绍的都是水稻受淹后地上部分的症状。水稻地下根部在受淹的过程中,也同样会出现不同的症状,只是不容易被人们看到而被忽视而已。

(五) 水稻受淹后的根部症状

无论在哪个生育期受到洪涝灾害,与正常发育的根系相比,由于土壤中养分不足,根只能在表面上生长,这样的根枝很少,根毛少,扎根不深也不稳。同时,由于土壤中氧气不足,许多有机物在无氧状态下分解,产生还原物质和甲烷、有机酸和二氧化碳等有害物质,影响根系生长。具体表现为植株气生根减少,水稻根系稀少发黑,严重的根部腐烂,整个稻株死亡(图 1–5)。而同时期的正常水稻则根系健壮发达,新生白根多,分支多,扎根深。淹水越深,淹水时间越长,淹水的温度越高,根系的受损程度会越重。

受淹后的植株 　　　　　正常植株

图1–5　水稻受淹后的根部症状

▶ 第三节　鉴定水稻是否死亡

水稻遭受洪涝灾害后,应该针对水稻田受淹的程度,采取不同的补救措施,尽最大努力降低灾害损失。

对于遭受洪涝灾害的水稻,我们首先应该鉴定水稻是否死亡,一般可以通过以下方法来综合判定:

一是在水刚刚退去时轻拔稻株,如稻株容易被拔断,分蘖节变软,心叶已死,说明水稻已经死亡。反之,如果水稻不能轻易被拔断,根系还有一定的活力,分蘖节比较结实,有弹性,新叶存活,则表明稻株仍然有生机和活力。

二是水退后,早晨到田间检查,如果水稻夜间有生理吐水现象,也就是说夜间有水珠出现,表明水稻还有生机,这就可以肯定水稻还没有死亡,同时要注意检查水稻基部是否坚硬。方法是用手捏水稻基部,如果基部坚硬,表明仍然有生机;如果基部已经软烂,表明水稻已经死亡。水退后,如果遇到天晴风燥,水稻发生倒伏枯萎,也表明水稻已经死亡。

对于已经死亡的水稻,应该采取补种或改种等措施,尽量减轻灾害损失。对于还没有死亡的水稻,要加强灾后的田间补救管理,尽量减轻灾害损失。

▶ 第四节　水稻遭受洪灾后的补救措施

对于水稻还没有完全死亡的稻田,我们可以采取以下补救措施:

一 尽早排水抢救

受淹水稻能否保苗保产,取决于水稻出水的早晚。所以,灾后田间管理的关键在于尽早排除田间积水。同时加强管理,涝灾后应该立即集中组织人力,利用一切排水设备全力进行排水抢救,争取让水稻叶尖及早露出水面,尽量减少受淹天数,减轻损失。

受过涝的稻田更怕旱,在排水时应该注意,在高温烈日的情况下,不能一次性将田间积水排干,必须保留适当的水层,使水稻逐渐恢复生机。如果一次性排干田间积水,因为水稻长期浸在水中,生活力弱,茎叶柔软,突然遇到晴天烈日的暴晒,容易造成水稻枯萎,不但收不到比较好的抢救效果,反而会使损失加重。如果在阴雨天,可以将田间积水一次性排干,有利于水稻恢复生长。

二 打捞漂浮物,洗苗扶苗

水稻在苗期受涝后,经过排水抢救,往往会在田间遗留相当多的漂浮物,所以,退水后要立即捞去漂浮物,以便减少对水稻的压伤和叶片腐烂现象。洗苗后可以用手将倒伏稻株逐株扶起,扶起后立即培土定根,防止扶起后再发生倒伏。扶苗时要小心,避免断根、伤叶对水稻产生的二次伤害。水稻在分蘖期受涝后,可以根据退水方向进行喷水洗苗。这样不但可以洗去稻叶表面的泥垢,有利于光合作用的进行,还能清除烂叶、黄叶、死叶,可以减轻退水后稻叶互相搭棚的长度。

孕穗期的水稻在稻田退水时,要不断地进行喷水洗苗,最好用汽油机喷雾器向水稻喷清水洗苗,洗去沾在茎叶上的泥渣,这样水稻恢复生机的效果比较好。喷水时应当对水稻叶部进行喷雾,以免使稻秆折断。

三 适时开沟控水轻露田

稻田积水退后，田间水分仍然处于饱和状态，应当及时开沟排水，使田间土壤的水渗到沟中并排出，尽快降低田间土壤含水量，使淹水形成的浮泥逐渐沉实，促进新根生长。

为使水稻恢复生机，排水后要进行一次轻露田，这样可以增强土壤的透气性和水稻根系的活力。坚持干湿交替的排灌方法，既保证稻株用水需要，又保证土壤通气，促进上部节位和根系发育，增强稻株活力。后期坚持浅水湿润灌溉，目的是保持根系活力，提高结实率和千粒重，从而弥补涝灾造成的有效穗不足和穗粒数减少的损失。

四 增施速效肥料

轻露田后结合灌浅水，补追一次速效肥料。水稻在受淹期间，稻株营养器官受到不同程度的损害，出水后根、叶、蘖重新恢复生长，需要大量的矿物质营养，加之洪涝灾害后，土壤养分流失严重，因此追肥要及时，用量要足，以促进稻株尽快恢复生长，争取大穗保产。在分蘖至拔节期受淹后，可以采取"一追一补"方法。施肥以氮肥为主，配以磷钾肥。一般应当在排水后 3 天以内每亩施尿素 10 千克或复合肥 30 千克，淹没时间短、稻苗受害轻的施肥量可以适当少一些，反之施肥量适当多一些。

在水稻孕穗期，为促进穗型增大，应当补施一次促花肥，每亩用尿素 3~5 千克；在水稻抽穗 20% 左右时，每亩用 2~5 克赤霉素，兑水 50 千克进行叶面喷施，可以促进抽穗整齐；在灌浆结实期，每亩用磷酸二氢钾 100~150 克，兑水 50 千克进行叶面喷施，有利于提高结实率和千粒重。

五 加强病虫害防治

水稻在大田苗期如果遭遇洪涝侵袭，容易诱发心腐病局部大流行，

影响水稻的正常生长,造成减产,所以涝灾后要注意防治水稻心腐病。一般每亩用20%叶枯唑1 000倍液,加农用链霉素4 000倍液,或2∶1∶150的波尔多液50~60千克喷雾防治。水稻分蘖期受涝后,由于叶片受到损伤,增加了植株感病的机会,特别是白叶枯病,受涝后往往发病严重,纹枯病也可能重度发生,因此要及时用药防治。对于白叶枯病发病严重的田块,可以选用叶枯唑、多菌灵等药剂,按照使用说明书进行防治。纹枯病的防治上,每亩用24%噻呋酰胺悬浮剂25毫升,或75%肟菌·戊唑醇水分散粒剂15克,或32.5%苯甲·嘧菌酯悬浮剂50毫升,可以选用井冈霉素或三唑酮,按照使用说明书兑水喷雾防治。

虫害防治上,结合当地的病虫害预测预报,重点防治螟虫和稻飞虱。尽量选用阿维菌素、毒死蜱等农药,按照使用说明书进行药剂混配,做到一次用药防治多种害虫。

▶ 第五节　改种技术

对淹水时间长、根系已经腐烂、叶片已经枯萎剥落、在水下拔起查看每穴稻株死亡率在60%以上的田块,就应当及时补种或改种。

一　早翻晚改种技术

所谓早翻晚,就是指利用早稻品种感温性强的特性,将其作为晚稻种植,这样可以实现迟播早熟,也能够获得比较理想的水稻产量。

早翻晚改种技术适宜在沿江、江南和江淮南部等地区使用。由于各地气候条件不同,要注意选择适合本地区的播种时间。播种时要注意种子质量,尽量选用上年收获的早稻种子。如果用当年刚刚收获的早稻种子,必须晒2~3天,以打破稻种的休眠期,提高种子发芽率,然后进行浸种催芽,在破胸露白时进行播种。改种前,对残茬和杂草多的田块,应该选用触杀型的灭生性除草剂进行除草。除草要在排干田水后严格按照说明书用量进行喷雾,间隔 2~3 天就可以播种了。改种以免耕直播方式为主,一般每亩稻田的播种量为 10~12.5 千克,将催芽后的种子均匀撒在田面上就可以了。

对于退水迟又有异地育秧条件的田块,可以在退水后立即免耕移栽,秧龄一般在 15 天以内,宁可短也不要长。无论是直播还是移栽,都应该采取免耕方式进行,这样可以不误农时,省工、省力。

二 改种其他旱作物

对于退水过迟、不能再种水稻的田块,可以选择改种其他旱地作物,如甘薯、早熟玉米等。在江淮南部和江南地区,甘薯和玉米的栽播期限一般在 7 月底至 8 月初。如果当地降雨量过大,无法及时对田块进行翻耕,可以在退水后的平地上,采取免耕移栽种植甘薯和点播玉米的方式进行补栽补种,这样有利于及早活棵和早出苗。等到墒情适宜时,再进行伏垄和中耕操作。

以上就是水稻遭受洪涝灾害后的症状及补救措施的主要内容。希望通过学习这些内容,能够帮助您真正掌握水稻遭受洪灾后的生产补救措施,通过生产自救,最大限度地减轻灾害损失。

第二章

水稻倒伏的原因及预防措施

　　水稻是世界上重要的谷类作物，也是高产作物，在粮食生产中占有举足轻重的地位，水稻稳定供给直接影响全球粮食的平衡。在我国水稻生产中，常常会出现倒伏现象，尤其在台风、暴雨等自然灾害条件下，倒伏现象更为严重，一般会使水稻减产5%~20%，发生严重倒伏的可能性为30%~50%。水稻的倒伏不仅导致产量下降，还会引起稻米品质变劣，同时给水稻收获带来不便，严重打击了广大农民的水稻生产积极性。因此，倒伏问题是水稻高产、稳产和优质的重要限制因素。

　　水稻倒伏是指直立生长的水稻成片发生倾斜，甚至全部倒地的现象（图2-1），它是水稻生育过程中一种比较常见的生理性障碍。水稻倒伏大多发生在抽穗以后，尤其是灌浆期以后最容易发生。

　　那么，有哪些原因会引起水稻倒伏呢？生产中，我们应当采取哪些积

图2-1　水稻倒伏

极措施来进行预防？发生倒伏后，我们应当如何及时地进行补救呢？下面，我们就给大家介绍这方面的内容。

▶ 第一节　水稻倒伏的原因

在水稻生产中,水稻倒伏的原因虽然比较复杂,但是综合起来不外乎以下几种。

一　品种特性

在栽培管理水平和气候条件基本相同的情况下,不同的水稻品种的抗倒伏能力的强弱也是有一定差异的。抗倒伏的水稻品种一般具有植株较矮、茎秆粗壮、稻株节间相对较短、叶片直立、剑叶短、根系比较发达、耐肥能力强等性状。相反,植株高、茎秆软弱、稻株节间相对较长、叶片平伸、剑叶长、根系不发达、耐肥力比较弱的水稻品种,一般都比较容易发生倒伏现象。

二　播种量过大、秧龄过长

水稻播种时,播种量过大会造成秧苗拥挤生长,使秧苗苗茎细长、不粗壮,而且根系不发达,根量少、短,扎根浅。秧龄过长使秧苗徒长、茎秆纤细,容易引起后期早穗、早衰现象。这些最终造成大田禾苗茎秆不粗壮,抗倒伏能力弱,遇到风雨很容易发生倒伏。

三　耕作层过浅

大田期水稻根系发达与否和耕作层深浅有着密切的关系。土壤耕作层过浅,如果低于 10 厘米,就会造成水稻扎根的深度不够,根系不发达,对水稻植株地上部分的支持力就比较弱。还有一个原因是,土壤耕作层

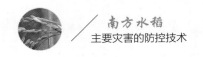
过浅,水稻根系吸收营养的土壤空间较小,造成水稻根系发育相对较差。这也是水稻容易发生大面积倒伏的重要原因之一。

（四）栽植密度不合理

水稻在移栽到大田时,栽插密度过大,造成秧苗生长空间狭小,封行过早,严重影响水稻的通风透光,造成水稻个体根系生长发育不良,茎秆细弱,基部节间增长,支持力减弱,遇到风雨很容易发生倒伏。而且群体过大,田间通风透光条件不良,形成高温、高湿、荫蔽的环境,更容易诱发病虫害,加剧倒伏。

（五）施肥不合理

在水稻生产中,农民朋友往往偏施、重施氮肥,磷、钾肥投入不足,造成氮、磷、钾比例不协调。片面重施氮肥,会使植株生长过旺,植株增高,封行过早,拔节过长,形成"头重脚轻"现象。穗肥施用过早、过重,会造成基部第一、第二节间拉长,而且拔节长,穗期水稻群体过大,茎秆变细,支撑力差,很容易发生倒伏。而氮肥施用过多、过迟,水稻贪青旺长,容易遭受病虫危害,也是发生倒伏的原因之一。合理的氮、磷、钾配比可以增强水稻茎秆韧性,从而提高水稻的抗倒伏能力。而硅肥的施用能促进根系发育,使水稻植株挺拔,茎秆坚硬,茎基部粗壮。在抗病性方面,硅肥能大大提高水稻的抗稻瘟病、稻曲病能力。

（六）灌溉不合理

在水稻生产过程中,长期深灌水会使水稻根系长时间处在缺氧状态,根系发育不良,扎根不深也不牢,同时造成水稻茎秆组织柔软疏松,节间伸长,下部叶片早衰。另外,长期深灌水还会造成土壤软烂,固根能力降低,到了水稻抽穗灌浆期,植株上部重量增加,遇到风雨,水稻植株就很容易发生倒伏。

七 病虫害防治不及时

在水稻生产过程中，对水稻二化螟、稻飞虱、稻瘟病、纹枯病等水稻病虫害防治不及时，导致水稻茎秆组织遭到病虫害严重破坏，抗倒伏能力减弱，也是引起水稻倒伏的一个重要原因。

八 自然灾害

强风暴雨等天气因素是水稻发生倒伏的一个不可控因素。在水稻生长后期尤其是灌浆成熟期，长期阴雨天气，田间积水无法及时排出，不但植株生长不良，而且病虫为害加重，水稻也容易发生倒伏。一旦刮大风、下大雨，本来已经很脆弱的稻秧就更抵挡不住风雨的侵袭而成片倒伏。

在了解了水稻发生倒伏的主要原因之后，我们就可以有针对性地采取必要措施来进行综合、有效的预防了。

第二节　水稻倒伏的预防措施

目前，水稻生产主要有抛秧栽培、直播栽培和移栽栽培等几种栽培方式。其中，抛秧和直播这两种栽培方式都有一个共同的特点，那就是根系下扎比较浅，对地上部分的支持力比较小。如果在中后期过多追肥，很容易引起水稻疯长，造成倒伏。

下面，我们结合生产实践来介绍一下水稻倒伏的具体预防措施。

一 选择抗倒伏品种

选择耐肥抗倒伏品种是防止水稻倒伏的首要措施，也是水稻稳产、

高产的基础。水稻生产应该立足于选择抗倒伏并且适宜当地栽培的优良品种。以长江中下游稻区为例,抛秧栽培要选择特优 559、两优培九、扬两优 6 号等品种,移栽栽培可以选择的品种有皖稻 153、丰两优 6 号等,直播栽培可以选择的品种有武育粳 3 号、武运粳 8 号等。

二 适期播种

根据抽穗期的要求,结合各地不同的气候特点确定合理的播种时间,让水稻结实后期尽量避开台风、暴雨等自然灾害发生频繁的时间,尽量减少自然灾害造成的倒伏。调查表明,由台风引起的倒伏占总调查面积的 45%,由暴雨引起的倒伏占总调查面积的 52.6%,比台风引起的倒伏更严重。

三 培育壮秧

培育根系发达、矮健、带蘖的壮秧(图 2-2),可以有效地预防水稻后期倒伏,它的核心技术是控制秧苗基部节间伸长。

图2-2　发达的秧苗根系

我们以长江中下游稻区水稻抛秧栽培为例,生产中应当采取以下改良措施。

第一,应当把育秧塑盘的大小进行适当的调整,把 561 孔的育秧塑盘换成 434 孔或者 353 孔的育秧塑盘,目的是增加孔穴内土壤重量和抛秧后的秧苗与大田土壤的接触面积,也可以达到稀播壮秧的目的。

第二,应当配制有充足营养的营养土,选用偏酸性田园土等肥熟土,按 50 千克肥土、50 千克土杂肥、2 千克氮磷钾三元复合肥的标准配制营养土。

第三,在秧苗二叶一心期,选择在晴天的下午,每亩苗床用 15%多效唑 10 克兑水 50 千克,均匀喷施秧苗 1~2 次,喷施次数根据秧龄长短来定,一般在秧龄 25 天左右喷 1 次,秧龄 30 天左右喷 2 次。同时要注意不能使秧龄过长,秧龄要控制在 35 天以内,控制秧龄也是保障壮秧、预防倒伏的重要措施之一。

移栽秧苗的标准要达到"早稻宜用小苗",壮秧的形态标准是叶龄 3~4 叶,苗高 10~13 厘米,叶片直立,第一叶鞘高度小于 3 厘米,基部扁平,三分之一苗株带分蘖,秧龄在温度低的地方需 26~30 天,温度高的地方约需 20 天。中稻、晚稻适宜用中苗,壮秧的形态标准是叶龄 5~6 叶,苗高 15~16 厘米,带蘖 2~3 个,带蘖株率 80%以上,秧龄为 30~35 天。

（四）合理深耕,适当深栽

用旋耕机等机械深耕整地时,要使耕作层厚度为 15~20 厘米,可以为水稻根系生长发育创造良好条件,同时,由于深耕之后土层加厚,土壤的蓄水和保肥能力大大增强,不容易引起植株旺长、疯长,从而可以有效地预防水稻倒伏的发生。

对抛秧栽培来说,抛秧秧苗要做到根球入泥,并且要尽可能地做到高抛深栽,这样做可以加大稻根的入土深度。如果在沙壤土质的田块上抛秧,更应当坚持"宁可深也不能浅"的原则。这就对抛秧田块的整地有一定的要求,要做到"田平、水浅、土绒、沉泥",使寸水刚露泥,表层有泥

浆。人工插秧和机械插秧的深度适宜控制在2~3厘米。这样,既能保证水稻的旺盛生长,又能有效控制水稻的不良生长所引发的倒伏现象。

五 选择合理的栽植密度

合理的栽植密度是水稻前期早发、中期稳长的基础,可以使水稻通风透光良好,个体发育健壮,抗倒伏能力增强。专家的大量试验表明,同一品种在改良栽培下,比传统栽培方法能够显著增强水稻的抗倒伏能力。以长江中下游稻区为例,抛秧栽培一般要求常规品种的合理密度为每亩3万~3.5万穴,实际成穴应该在每亩2.5万~3.0万穴,每穴苗数2~4株。而直播栽培要求在种子发芽率为90%以上的条件下,大田每亩播种量(干谷)为早稻直播5~6千克,单季晚稻直播4千克左右,连作晚稻直播4~5千克。移栽栽培要适当加大插秧的行距和株距,减少基本苗数。如果是手工或者机械栽插的早稻,一般每亩插2万蔸,株行距为16.7厘米×20厘米。但株型紧凑的品种应该插2.5万蔸左右,株行距为13.3厘米×20.0厘米。对一季超级稻而言,其多数是大穗型品种,个体体积较大,每亩插1.2万~1.4万蔸就可以了,株行距为(20.0~23.3)厘米×26.7厘米。晚稻一般也可以每亩插2万蔸,株行距为16.7厘米×20厘米。

六 合理施肥

为了防止水稻倒伏,在水稻生产中要改进施肥技术,"增施有机肥,辅施化学肥料"。各水稻种植区要结合当地的土壤条件,因地制宜,在测土配方的基础上,做到有机、无机相结合。如江淮之间的合肥地区,经专家测土配方后,发现适宜的施肥方法是:底肥以有机肥为主、速效化肥为辅,可以每亩施复合肥15千克、优质农家肥500千克,或者施用尿素5千克、过磷酸钙20千克、氯化钾5千克,结合耕翻,将有机肥、化肥深施到15~20厘米土层中。在化学肥料氮、磷、钾合理搭配施用的同时,还要注意补充硅肥。多效硅肥可以在水稻上做基肥使用,如果在水稻倒五叶至倒四叶期施用,效果最显著,一般在这一时期每亩撒施多效硅肥 5~10 千克,可以极大地增强水稻的抗倒伏性。同时,水稻各生育期要增施速效钾肥,其中孕穗期重施效果最好。在孕穗期每亩用 200 克磷酸二氢钾兑水 50 千克进行叶面喷施 2~3 次,对增加茎秆粗度、提高植株抗倒伏能力具有很好的效果。

七 科学灌溉

在水稻生产中,应当根据水稻各生育期的需水特点,合理灌溉,促进水稻生长健壮。一般在有效分蘖终止之前,以浅水灌溉为主,实行间歇节水栽培,也就是灌一次浅水然后让它自然落干,保持田面湿润 2~3 天后重复前面的操作。这样,在节约用水的同时,还可以增加有效分蘖、增强水稻根系发育。及早晒田是强秆壮秆、防止水稻倒伏的一项重要措施。在有效分蘖结束时,对生长旺盛的田块应当立即排水烤田 7~10 天,可以达到改善土壤环境、控制无效分蘖、增强根系活力的作用。注意,水稻长势弱或者是砂性土壤田块都要轻晒田。齐穗后至蜡熟期,采取湿润灌溉,以气养根,使根系发达,增强抗倒伏能力。湿润灌溉就是保持田面湿润而不留水层。水稻黄熟期排水晒田。

八 适当化学调控

化学调控是防止水稻倒伏的有力措施之一。生产实践表明,移栽水稻在拔节前每亩用 15%多效唑可湿性粉剂 120 克,兑水 60 千克喷施,可以控制水稻节间伸长,有效降低植株高度,促进水稻植株矮壮生长。直播水稻可以在分蘖末期和水稻破口初期各施用 1 次和上面同样剂量的多效唑进行化学调控。

九 及时防治病虫害

防治病虫害是保护水稻茎秆不受侵害、预防水稻倒伏的重要措施之一。由于各水稻种植区域的气候条件存在差异，病虫害发生的规律不尽相同，各地应该结合当地植保部门的病虫预测预报，及时预防；对于已经发生了病虫害的田块，要及时进行综合防治。这里我们以长江中下游中稻区为例，向大家介绍几种常见病虫害的防治方法。

在稻纵卷叶螟、二化螟、大螟、三化螟发生时，可每亩用 35%氯虫苯甲酰胺水分散粒剂 6 克或 15%多杀·茚虫威悬浮剂 20 毫升；稻飞虱发生时，可以在稻飞虱低龄若虫高峰期每亩用 25%吡蚜酮悬浮剂 24 毫升或 50%烯啶虫胺粉剂 10 克，兑水 60 千克均匀喷雾；在稻纵卷叶螟、二化螟、三化螟、稻飞虱发生时，可在卵孵高峰至二龄幼虫期按照农药使用说明使用毒死蜱、阿维菌素、氯虫苯甲酰胺、甲维盐等。防治高龄幼虫，可以用以上药剂进行混配施用，以增强杀虫效果。

发现稻田有纹枯病发生时，可以用 2%井冈霉素 75 克或 50%多菌灵可湿性粉剂 100 克加水 75 千克喷雾防治。

稻瘟病在苗期一旦出现发病中心，可用 40%稻瘟灵乳油，一般每亩用 50 毫升兑水 60 千克喷雾。如果在水稻孕穗至水稻破口期，不管田块是否发病，都应该每亩用 20%三环唑可湿性粉剂 100 克兑水 60 千克喷雾预防 1 次。

▶ 第三节　水稻倒伏后的补救措施

如果水稻发生了倒伏，首要的措施是及时开沟排水，降低田间湿度，防止茎秆腐烂和稻穗发芽。另外，根据倒伏时期的不同，采取不同的补救措施。

对于刚刚齐穗和灌浆前期就倒伏的水稻,以不扶扎为好。这段时期应当采取喷施叶面肥的补救措施,可以每亩用磷酸二氢钾150克加水50~75千克,喷雾补救。

灌浆中后期和黄熟期倒伏的水稻,应当及时进行扶扎处理(图2-3)。扶扎倒伏水稻要讲究一定的方法,动作要轻,并且要顺着水稻倒伏的方向操作。将倒伏的水稻成束扎上,使水稻相互依靠直立,这样可以避免稻穗贴在潮湿的稻田里发芽和霉烂。

图2-3　扶扎补救

对于受纹枯病和水稻二化螟等病虫危害而倒伏的田块,应当及时进行药剂防治,控制病虫害的蔓延,延长叶片的功能期,使籽粒能继续灌浆。

倒伏后的水稻最好采用人工收割,一方面可以节约收获时的机械费用,另一方面还可以减少机械收获时的落粒,从而降低水稻收割损失。

"麦倒一把草,谷倒一把糠。"水稻倒伏的危害不言而喻,我们在水稻生产中应当注意科学的栽培与管理,做到提早预防,及时补救,最终才能夺取水稻丰产丰收。

第三章

水稻高温热害的预防

近年来，由于工业化进程的加快、人类活动的增加以及温室效应的影响，全球气候逐渐变暖，极端高温天气出现的频率也随之增加。高温天气不但给人们的生活、出行和工作带来了很大的麻烦，而且对农业生产也造成了巨大影响。可以说，高温热害作为一种农业气象灾害，已经成为制约我国粮食作物高产和优质的重要因素之一。

下面，我们将以长江中下游稻区为例，向大家介绍有关水稻高温热害的相关内容。

▶ 第一节 水稻高温热害的成因及危害

水稻高温热害是指在水稻抽穗结实期，气温超过水稻正常生育温度上限，影响正常开花结实，造成空秕粒率上升而减产甚至绝收的一种农业气象灾害。

水稻抽穗前后各 10 天对温度最敏感，这一阶段，水稻生长最适宜的温度为 25~30 ℃。日平均温度在 30 ℃以上，就会对水稻生长产生不利影响。在生产中，我们通常以日平均温度为热害指标，日平均温度≥30 ℃，持续 3 天以上；或者以日最高气温来定义热害指标，日最高气温≥35 ℃，持续 3 天以上为发生热害指标。

高温对水稻植株的损害与水稻的生育时期的关系十分密切。许多研究表明,孕穗期如果遇到持续 35 ℃以上的高温,水稻花器发育不全,花粉发育不良,活力下降。抽穗扬花期是水稻对高温最为敏感的时期,这一时期遇到持续的高温,会影响花粉成熟、花药的开裂,使花粉在柱头上不萌发,导致水稻不能进行正常的受精而形成空壳粒(图 3-1)。在灌浆期,当日平均温度为 30~32 ℃,日最高温度在 35 ℃以上时,会使叶温升高,叶片的同化能力降低,植株的呼吸速度加快,导致灌浆期缩短、千粒重下降,发生高温"逼熟"现象,受灾严重的田块,平均结实率有 20%~30%。

图 3-1　水稻受到热害后形成空壳粒

▶ 第二节　水稻高温热害发生的规律

对多年的气象资料以及热害发生规律的研究表明,在长江中下游稻区,水稻高温热害主要发生在湖北和湖南大部、安徽南部、江西及浙江等地区,发生时间主要集中在 7 月下旬至 8 月上旬,而这段时间恰好是中稻的抽穗扬花期。

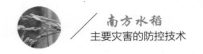

▶ 第三节　水稻高温热害的预防措施

水稻不同品种和同一品种不同生育期的抗高温能力存在一定的差异。而且,水稻受热害的程度还与秧苗的素质、植株的生长状况、栽培条件和管理水平等因素密切相关。所以,在生产中,我们是可以采取积极措施来有效预防水稻高温热害的。

一　品种的选择

由于不同的水稻品种的耐热性有着一定的差异,加上水稻对温度和日照的反应敏感,在高温短日照气候条件下,生长量减少,发育加速,容易提早出穗,并且穗型变小,穗粒数减少,粒重降低。所以,在高温干旱或者温度多变的异常气候年份,我们最好选择中熟或偏中熟、抗高温能力比较强的水稻品种进行种植,如汕优63、协优63等,这样,就使幼穗发育和抽穗期避开了高温干旱的炎热时段,从而能够减少高温热害对水稻造成的损失。

二　合理安排播种期,培育耐旱壮秧

生产中,要根据水稻品种的生育期来合理安排适宜的播种期,使水稻开花期避开高温胁迫的时间,从而减轻高温天气带来的不利影响,减少不必要的损失。例如,在我国江淮地区,可以将目前的4月上旬播种推迟到4月25日至5月5日播种,将秧龄控制在30~35天,这样就能够将一季中稻的最佳抽穗扬花期安排在8月中旬,从而避开7月下旬至8月上旬的高温伏旱天气。在这里要提醒大家注意的是,中稻播种期的推迟不能晚于5月5日,播种太晚,水稻生长后期阴雨多,湿度大,容易遭受稻曲病

和穗发芽的危害。

（三）加强栽培管理

在水稻生产中，应当施足底肥，分期多次追肥，磷、钾、锌肥配合使用，生育中期施足长穗肥，注意生育后期补给氮素营养，做到前后照应，均衡供氮，使水稻保持平稳长势。这样，可以在一定程度上增强水稻的抗高温能力。另外，夏季雨后，应当及时排掉田间过深的积水，以便保持和促进根系活力，使水稻不受涝渍影响，正常生长发育。生育后期注意不要断水过早，应当保持田面湿润，防止早衰减产。一般采取深水灌溉或活水套灌的办法，可以使产量提高 10%以上。

（四）改善稻田小气候

通过灌水改善稻田小气候，尤其对已经抽穗或进入灌浆期的田块应当立即灌深水，一般田间灌水 8 厘米左右，可以使穗层气温降低 0.8 ℃，相对湿度提高 12%，从而减轻高温对水稻花器和光合器官的直接损害。

在高温气候条件下，用水直接喷雾可以说是降低温度、增加湿度最有效的措施了。一般喷雾一次以后，田间温度可以下降 4~5 ℃，田间空气相对湿度能增加 10%~20%，有效时间可以持续 2 小时，可降低空秕粒率 2%~6%，增加千粒重 0.8~1 克。不过要注意，如果水稻正处在扬花期，是不能采用喷雾的方法来降温的，否则会对水稻正常进行扬花授粉造成不利影响。

（五）喷施叶面肥，增强抗高温能力

生产实践证明，在高温来临前也就是 7 月中下旬喷施叶面肥，不但能降温增湿，而且还能补充水稻生长所必需的水分和营养，增强稻株对高温的抗性。喷洒时应该适当降低溶液的浓度，增加用水量，确保喷洒均匀。

一般用 0.2% 的磷酸二氢钾溶液或 3% 的过磷酸钙溶液进行叶面喷施,都有减轻高温热害的效果。

第四节　水稻高温热害的补救方法

受多种因素的影响,水稻高温热害往往难以避免。那么,对于已经遭遇高温热害的稻田,我们该如何来进行补救呢? 生产中,应当根据受害的程度,区别对待。

一　浅水湿润灌溉

对已遭受高温热害,但是仍有一定产量的田块,要坚持浅水湿润灌溉,防止秋旱使灾害进一步加剧,注意生育后期不能断水过早,最好到收获前 7 天再断水。

二　加强病虫害防治

水稻生长中后期气温高,空气湿度大,水稻群体的叶面积达到最大值,田间小气候非常适宜多种病虫害的发生。所以,在给稻田进行降温的同时,还要加强对病虫害的防治,特别是对稻飞虱、稻纵卷叶螟的药物防治。

三　补追穗粒肥,提高结实率和千粒重

对受灾比较轻的田块,要普遍追施一次穗粒肥,一般在破口期前后,每亩追施尿素 2~3 千克,也可以采用根外喷施叶面肥或植物生长调节剂的方法。实践证明,在水稻扬花至齐穗期内,每亩用磷酸二氢钾 0.15 千克和尿素 1 千克,再加 920 溶液 1 克,兑水 60 千克进行喷施,能提高结实率和千粒重,增加产量。

四 蓄养再生稻

对于受害严重、结实率在 10% 以下的田块,可以将空壳的穗头割掉,蓄养再生稻,更有利于促进再生芽快发(图 3-2)。一般,江淮北部要求在 8 月 15 日前进行,江淮南部应当在 8 月 20 日前进行。

图 3-2 萌发的再生稻苗

再生稻的田间管理除了浅水湿润灌溉和病虫害防治以外,在抽穗后,还应当根外喷施 0.2% 的磷酸二氢钾或 3% 的过磷酸钙溶液。如果在 9 月 15 日前后,再生稻仍然没有齐穗,可以在再生稻破口期,按照每 20 毫克赤霉素兑水 1 千克的浓度配制成赤霉素溶液均匀喷施,促使水稻早抽穗、早齐穗。同时,注意保持浅水层灌溉,防止低温影响稻株发育。

由于受灾田块水稻籽粒的成熟度差异比较大,所以,蓄养再生稻在收获时,要根据田间大多数稻粒成熟度适当安排收割时间,做到精收细打,最大限度地降低灾害损失。

到这里,水稻高温热害的预防知识就全部介绍完了,相信大家通过我们的介绍,对于水稻高温热害已经有了一定的认知。通过这部分内容的学习,相信帮大家做到灾年不减产还是有可能实现的。

第四章 稻瘟病的识别与防治

稻瘟病是水稻三大病害之一，广泛分布于世界各稻区，我国南北稻区都有不同程度的发生。它发病的轻重因年份、地域的差异而不同，当抽穗期遇到低温或阴雨连绵时往往发生严重。稻瘟病会给水稻生产带来严重危害，是让农民非常头疼的一种水稻病害。

稻瘟病又称稻热病，俗称火烧瘟、吊颈瘟、叩头瘟，是一种由真菌引起的病害。稻瘟病的病原为真菌半知菌中的无性态灰梨孢菌，分生孢子呈洋梨形，喜欢温暖潮湿的环境，对低温和干热有较强的抵抗力，这种病菌的寄主有水稻、马唐。稻瘟病一般可以造成减产 10%~20%，严重的 40%~50%，甚至颗粒无收。

了解了以上这些，那稻瘟病有哪些为害症状呢？咱们一起来看一下。

▶ 第一节　稻瘟病的为害症状

稻瘟病在水稻的整个生育期中都可以发病，由于发病时期和受害部位的不同，稻瘟病可以分为苗瘟、叶瘟、节瘟、穗颈瘟和谷粒瘟。

一　苗瘟

苗瘟是由种子带菌引起的，通常发生在幼苗二至三叶期，秧苗变黄卷曲枯死,基部黑褐色,上部黄褐色,湿度大时病部长出灰色霉层（图4-1）。

图4-1　苗瘟特写

二　叶瘟

叶瘟在三叶期到穗期都可以发生,由于天气条件的影响和品种抗病性的差异,叶上病斑的形状、大小和色泽有所不同,分4种类型。

1.慢性型

慢性型叶瘟具有稻瘟病的典型症状特征, 病斑呈梭形,两端常有沿叶脉延伸的褐色坏死线,边缘褐色,中间灰白色,外围有黄色晕圈。潮湿时背面常有灰绿色霉层。叶上病斑多时, 可连接形成不规则大斑, 发病重的叶片枯死（图4-2）。

图4-2　慢性型叶瘟

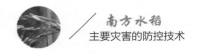

2.急性型

患急性型叶瘟的水稻叶片常产生暗绿色近圆形至椭圆形的病斑,正反两面都有大量灰色霉层。这种病斑是大流行的先兆,但如果天气转晴,湿度小,可转为慢性型病斑。

3.褐点型

褐点型叶瘟的症状多出现在气候干燥时抗病品种上,呈褐色小点,不产生孢子,没有霉层。

4.白点型

白点型叶瘟的症状多出现在发病品种上部嫩叶上,呈圆形白色小点,没有霉层。

三 节瘟

稻节受害出现后变成黑褐色,凹陷,病部容易折断。

四 穗颈瘟

病菌侵染穗颈和枝梗会形成穗颈瘟(图4-3),穗颈和枝梗发病后变褐色,发病早而重的穗子枯死呈白穗,发病晚的秕谷增多。

图4-3 穗颈瘟

五 谷粒瘟

稻粒染病后常形成谷粒瘟(图 4-4),在谷粒的护颖、颖壳上产生黑褐色椭圆形或不规则形小斑点。谷粒瘟增加了种子的带菌率，是苗瘟的重要初侵染源。

图4-4　谷粒瘟

▶ 第二节　稻瘟病的发生因素

一 寄主抗性

水稻生长发育过程中，四叶期至分蘖盛期和抽穗初期最易发病。就组织的龄期而言,叶片从 40%展开至完全展开后的 2 天内最容易发病。穗颈瘟以始穗期最容易发病。

二 环境因素

在气象因素中,温度和湿度对发病影响最大,适温高湿,有雨、雾、露存在条件下更有利于发病。气温在 20~30 ℃,尤其在 24~28 ℃,阴雨天多,

相对湿度保持在90%以上,容易引起稻瘟病严重发生。

三 栽培因素

随着旱育秧面积扩大,苗期稻瘟病发病率有成倍增长的趋势,由于旱秧覆盖薄膜后,提高了苗床的温度和湿度,有利于稻瘟病的滋生和蔓延。

大面积种植发病品种,如果气候适宜,病害就会大流行。汕优2号、D优63大面积单一种植,会严重丧失抗性,造成病害大流行。

水稻偏施氮肥,稻株徒长,表皮细胞硅化程度低,容易被病菌侵染。

▶ 第三节 防治稻瘟病的方法

防治稻瘟病的方法分为农业防治和药剂防治两部分。

一 农业防治

1.种植抗病品种

种植抗病品种是防治稻瘟病最经济有效的措施。目前,高产又抗病的品种有很多。早稻品种有二九丰、浙辐802、庆莲16、湘早籼3号等,中稻品种有湘州5号、川植2号、金陵57、扬稻1号等,晚稻品种主要有秀水48、青华矮6号、合江20号等,杂交稻品种有威优64、威优98、汕优36等。

2.实行覆膜种植水稻和限水灌溉

这样可以改善田间生态环境,使种植密度适中,从而减轻稻瘟病的发生。根据多年的栽培经验,对粳稻来说,较低的温度和湿度环境更有利于粳稻的生长发育,从而可以减轻稻瘟病对粳稻的为害。

3.科学管理肥水

科学管理肥水是综合防治稻瘟病的重要措施。合理施肥管水,既可以改善环境条件,控制病菌的繁殖和侵染,又可以使水稻生长健壮,提高抗病性,获得高产稳产。施肥的原则是施足基肥,早施追肥,中后期看苗、看天、看田巧施肥,增施磷钾肥。一般田块氮磷钾的配合比例以 1:0.3:0.5 为最好,适当使用含硅酸的肥料,如草木灰等。管水必须与施肥密切配合,实行科学合理排灌,以水调肥,浅水勤灌,结合烤田达到促控结合。有经验的农民将水稻不同生育阶段的管水方法总结成三个字:"浅""露""晒"。就是在水稻整个生育期以浅水勤灌为主,分蘖期要露田壮蘖,生长后期要多露多晒,但要防止孕穗、抽穗期断水,以免影响水稻生长。

二 药剂防治

1.播种前进行种子消毒

可以用 1%的石灰水浸种,早稻在 10~15 ℃时浸种 6 天,晚稻在 20~25 ℃时浸种 1~2 天,石灰水要高出种子表面,浸种后用清水清洗 3~4 次,直到冲洗干净。

2.施药防治

针对发病品种和易发病阶段,结合田间病情和天气情况,适时施药防治。水稻二至三叶期发生苗瘟时,可以按说明书剂量用 40%稻瘟灵防治一次,这样就可以达到防治的目的。秧苗移栽前一天或当天,用 75%三环唑可湿性粉剂按照说明书剂量,喷淋在稻苗和土壤上,带土移栽,药效在 1 个月以上。防治叶瘟,每亩用 75%三环唑可湿性粉剂 16~20 克,兑水 60~75 升喷雾。防治穗瘟,应当在破口期至始穗期施第一次药,然后根据天气情况在齐穗期施第二次药。药剂可选用 20%三环唑、40%稻瘟灵或 40%敌瘟磷等,按说明书剂量施用。

以上就是稻瘟病的防治技术的相关内容。水稻是我国重要的粮食作物,只有切实做好病虫害的防治工作,才能翻过经济效益这座"高山"。

第五章

水稻纹枯病的识别与防治

水稻纹枯病又称水稻云纹病、水稻云斑病，俗称花秆、花脚瘟等，是水稻三大病害之一，全国各水稻产区均有发生。近年来，随着水稻优质品种的推广和高肥密植技术的应用，纹枯病的危害越来越严重，尤其以高产稻区受害最重。纹枯病主要引起鞘枯和叶枯，使水稻结实率降低，瘪谷率增加，粒重下降，病田一般减产10%~30%。纹枯病发病严重的情况下，减产会超过50%，严重地威胁水稻的高产、稳产。

▶ 第一节　发病症状

水稻纹枯病从水稻秧苗期到整个穗期都可能会发生危害，整个抽穗期是纹枯病发病高峰期，主要为害水稻叶鞘、叶片，严重时可以侵入茎秆并蔓延到穗部。

注意，水稻纹枯病一般是从水稻下部开始的，从水稻上部不容易发现。一旦在水稻上部发现水稻纹枯病症状，此时的病况就已经很严重了。

叶鞘染病初期，在接近水面的地方，长出暗绿色的水渍状小斑点，随后逐渐扩大成椭圆形（图5-1）。田间潮湿时，病斑边缘暗绿色，中央灰绿色，扩展迅速；天气干燥时，边缘褐色，中央草黄色至灰白色。多个病斑可以相互连接成片，形状不规则，但仍然能看出是由一个个椭圆形病斑连接而成的。病斑内的组织逐渐坏死、变软，而水稻基部的叶鞘是植株的重要支撑部位。因此，遇到有风天气，发病严重的稻株很容易发生倒伏。

当稻田种植密度大或者田间潮湿时，植株底部的叶片也容易发生纹枯病。扒开稻株，查

图 5-1　水稻纹枯病的受害叶鞘

看植株底部的叶片（图 5-2），我们会看见叶片上长出许多污绿色的病斑，叶片出现弯折，甚至腐烂或枯死。上部的叶片发病，病斑黄白色，边缘褐色，形状不规则。发病严重时，病菌可以沿着叶片蔓延至穗部，导致稻株不能正常抽穗。

田间潮湿时，叶鞘和叶片的病斑上都能看见稀疏的白色蛛丝状菌丝，发病后期，菌丝相互集结，形成一团棉球状的菌核（图 5-3），黏附在病斑上。最后，这个菌核会逐渐硬化，变成扁球形或不规则形的暗褐色菌核，菌核容易脱落。

图5-2　水稻纹枯病的受害叶片

图5-3　病斑上的棉球状菌核

▶ 第二节　侵染循环

水稻纹枯病是由一种真菌引起的。这种病原菌不仅能为害水稻，引起水稻纹枯病，还能为害小麦、玉米、油菜、棉花等多种农作物，分别引起小麦纹枯病、玉米纹枯病、油菜立枯病、棉苗立枯病。前面我们介绍了菌核，病原菌就是依靠这种菌核度过寒冷的冬天，成为第二年病菌的来源。

在春茬种植小麦、油菜、玉米等作物的地块，菌核萌发以后，就开始侵染小麦、油菜、玉米等作物，引起病害。在这些作物即将收获的时候，病菌的菌核和菌丝会残留在田里。菌核的活力很强，在干燥的田里5个月后仍有90%以上存活，在水淹的状态下，半年以后成活率仍然可以达到30%。翻耕灌水时，菌核和菌丝就与浮屑、杂物混杂在一起漂浮在水面上，当秧苗插播以后，黏附在秧苗基部叶鞘上的菌核和菌丝就会侵染秧苗。

在双季稻种植区，病菌来自越冬的菌核，而不是上一茬的作物。春耕灌水时，漂浮的睡眠菌核遇到秧苗以后就会侵染秧苗。病原菌侵染秧苗以后，并不会很快形成病斑，而是进行一段时间的潜伏生长，在侵染部位附近扩展蔓延，经4~5天形成病斑。水稻孕穗至抽穗期侵染速度最快，是发病高峰。病斑上产生的菌丝会向周围蔓延，在水稻一个分蘖或者周围的分蘖上形成多个病斑。随后，病斑上形成新的菌核，菌核落入田里以后，随水漂浮，进行再侵染。秋季，水稻收获后，菌核又落入田间，进行越冬。这就形成了一个侵染循环(图5-4)。

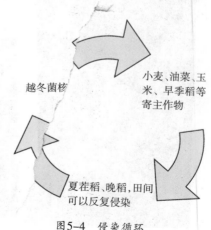

越冬菌核

小麦、油菜、玉米、早季稻等寄主作物

夏茬稻、晚稻，田间可以反复侵染

图5-4　侵染循环

▶ 第三节　发病规律

越冬菌核的数量是决定纹枯病能否流行的基础，如果上一年或上一茬纹枯病发生严重，今年或下一茬水稻就有可能也发生严重的纹枯病害。

纹枯病的发生还与温度、湿度有着密切的关系，能否大发生还取决于有没有合适的温度、湿度条件。具体来说，当气温在 20 ℃以上，田间湿度达 90%时，纹枯病才会开始发生。气温在 28~32 ℃，而且连续几天降雨，最有利于病害的发展和流行，很容易引起纹枯病的大发生。当气温在 20 ℃以下，或者田间相对湿度在 85%以下时，纹枯病很少发生。如果已经发生了纹枯病，在低温、低湿的条件下，病菌会停止蔓延或延缓生长。

此外，栽培管理对纹枯病的发生也有着很重要的影响。大量施用化肥，忽略施用有机肥，偏施氮肥，以及少施或不施磷钾肥，都会促使水稻生长繁茂，组织柔软，封行早，田间郁蔽，湿度大，有利于纹枯病的发展蔓延。而长期深水灌溉的田块，水稻根系活力低，稻株自身抗性差，再加上田间湿度大，纹枯病发生就重。不同熟期、不同品种的水稻，对纹枯病的抗性也有一定的差别。一般来说，迟熟品种最抗病，中熟品种次之，早熟品种最容易发病；籼稻最抗病，粳稻次之，糯稻最容易发病；窄叶高秆品种比阔叶矮秆品种抗病。

▶ 第四节　防治方法

掌握了前面介绍的知识以后，我们就可以有针对性地采取防治措

施了。

首先，在选择水稻品种时，可以选择适宜当地种植的抗病品种。但因为现在还没有发现高抗纹枯病的水稻品种，所以我们能够选择的品种不多。

其次，加强田间管理。春耕灌水时，田间菌核 70%~80%漂浮于水面碎屑中。田地耙好以后，捞去碎屑和浮沫，带到田外烧毁或深埋，可以减少田间的菌核数量，减少发病。在施肥方法上，应该施足基肥，早施追肥，控制氮肥用量，增施磷钾肥，防止禾苗期猛发、后期徒长和贪青倒伏。水分管理至关重要，分蘖期要实行浅灌，孕穗后要实行"干干湿湿"的管水原则，适时晒田，发病田块实行放水晒田，可以减缓纹枯病的发生，减少纹枯病的危害。

最后，喷洒药剂控制病害。在水稻栽后 15~20 天，每亩用 20%甲基胂酸锌（稻脚青）可湿性粉剂 250 克，拌细土 25~30 千克，均匀撒入水稻田内，对纹枯病的发生有较好的预防作用。历年发病早而重的水稻田，在分蘖期，当病丛率为 10%~15%时就开始施药防治，施药后 10~15 天，若病情仍在发展，需要再施药一次。对一般发病的田块，在拔节至孕穗期，当病丛率在 20%左右时开始施药。药剂可以选用 5%井冈霉素水剂，每亩用量100 毫升；或 30%纹枯利可湿性粉剂，每亩用量 50~75 克；或 24%噻呋酰胺悬浮剂，每亩用量 15~20 毫升，兑水 50 千克，均匀喷雾。喷药时，重点喷洒水稻基部，可将喷头压低，往下喷雾。也可以在配制药液时，适当增加用水量，喷雾时将雾滴调大，这样，就能依靠重力作用，使药液充分落到水稻基部，从而增强防治效果。

第六章　水稻稻曲病的识别与防治

稻曲病又叫稻伪黑穗病、稻绿黑穗病、稻青粉病，俗称稻丰收病、丰收果，是水稻穗期发生的一种真菌性病害，在我国南北稻区都有发生。近年来，随着水稻种植粳稻化、大穗密穗品种推广面积的增大和氮肥施用量的增加，稻曲病在我国的发生呈加重趋势。该病发生后，不仅影响水稻产量、降低水稻结实率和千粒重，而且稻曲病的病原菌附着在稻谷上污染米粒，严重影响稻米品质。侵染该病的水稻病粒有毒，人畜吃后可能造成腹泻、流产、早产等中毒现象。

稻曲病的病原是稻绿核菌，属半知菌亚门真菌，在低温、多雨、日照少、雾大露水重等天气下，稻曲病发生严重。这种病菌的寄主有水稻、玉米、野生稻以及马唐等禾本科作物。稻曲病对水稻的危害极大，一般发病率在 3%~5%，严重的在 30% 以上，减产率为 20%~30%。

第一节　发病症状

水稻主要在抽穗扬花期感病，病菌危害水稻谷粒。病菌在颖壳内生长，开始时受侵害谷粒颖壳稍张开，露出淡黄绿色块状物，以后逐渐膨大，最后将全部颖壳包裹起来，形成稻曲（图 6-1）。稻曲比谷粒大 3~4 倍，形状近球形，表面平滑，呈黄色并且有薄膜包被。

随着稻曲逐渐长大，薄膜开裂，颜色转为黄绿色或墨绿色，表面龟

图6-1　近球形的稻曲特写

裂。孢子略带黏性,不易飞散,但可以因为风雨而从稻粒上脱落。

▶ 第二节　发生因素

稻曲病的流行主要决定于田间稻曲病病原的菌核量、品种的抗感性、水稻抽穗期与菌核萌发、孢子传播期的吻合程度,以及抽穗期的降雨量和空气相对湿度等因素。

一　寄主抗性

品种间在自然条件下对稻曲病的抗感反应差异显著,抽穗期晚的品种有大发生的趋势,粳稻发病程度重于籼稻,杂交稻重于常规稻。病粒发生以穗的中下部为主,上部次之。大穗、密穗型品种发病率高。抽穗速度慢、抽穗期长的品种发病时间长,而且发病重。

二　环境因素

水稻在抽穗扬花时遇到低温多雨,雾大露水重,特别是连阴雨的天气,稻曲病发生严重。在水稻扬花期,日平均气温在 25~28 ℃,而且有 3~5

天连阴雨天,容易诱发稻曲病。

三 栽培因素

栽培管理不当,也容易导致稻曲病的大发生。当年发病重的田块,由于田间土壤带菌量大,有可能引起第二年发病严重。

偏施氮肥以及穗肥用量过多,不施磷钾肥,引起田间郁蔽严重,通风透光差,相对湿度高,都会加重病害发生。

淹水、串灌、漫灌是引起稻曲病传播的重要原因。近水口、田边以及田间管理不当,后期落水过晚,会导致发病严重。

▶ 第三节 防治方法

一 农业防治

1.选用抗病良种

水稻品种间抗性差异明显,选用抗病良种是防治稻曲病经济有效的措施。抗病品种主要有临稻 6 号、汕优 45、广二 104、M112、754、80-27、双糯 4 号、威优 29、九一晚、水晶稻、汕窄 8 号等。

2.加强田间管理

选择没有发生稻曲病的田块作为留种田,这样收获后可以得到没有病菌的种子。用这些健康的种子播种,可以在一定程度上降低发病率。幼苗长成后适时移栽,尽量避开水稻抽穗期与稻曲病菌高发期,确定合理的栽插密度,避免田间严重郁蔽、通风透光差。

栽插前要施足基肥,基肥要以农家肥为主,配合磷钾肥混合施用,少施氮肥,慎重施用穗肥。增施硅肥,可以大大提高水稻抗病能力,对稻曲

病的防治效果为80%以上。针对稻曲病的"边际效应",田边的施肥量要相对减少。

水稻播种前要注意清除病株和田间的病源物。发病的稻田在水稻收割后要深翻晒田,以便将菌核埋入深土中。

适时晒田,齐穗后干湿交替,收割前7天断水。及时摘除病粒,带出田外深埋或烧毁。

二 药剂防治

药剂防治仍然是控制稻曲病的主要手段。

1.种子处理

水稻在播种前晒种1~2天,用清水浸泡24小时,然后再用3%~5%的生石灰水浸种3~5小时,也可以用50%多菌灵500倍液浸种24小时,都可以收到良好的抑制稻曲病病菌的效果。药液要盖过稻种,放置一段时间,不要搅动。还可以按照15%三唑醇粉剂1~1.5克拌种子1千克的比例进行拌种,放置24~48小时,不经催芽直接播种,防治效果也不错。

2.大田施药防治

针对发病品种和易发病阶段,要结合田间病情和天气情况,适时施用药物进行防治。

用药适宜时期在孕穗后期,也就是破口前5天左右。如果需要防治第2次,则在水稻破口期,水稻破口50%左右时施药。

大田防治第1次施药效果最好,每亩用50~60千克的1:1:500的石灰倍量式波尔多液喷雾防治,或每亩用100~150克50%多菌灵可湿性粉剂兑水50~60千克喷雾,都会起到很好的防治效果。

第2次防治可以每亩用150~200克5%井冈霉素粉剂兑水50千克喷雾防治,还可以兼治水稻纹枯病和小粒菌核病,也可以每亩用75毫升

20%三唑酮乳油兑水 75 千克喷雾防治,防治效果也不错。

大田防治稻曲病要抓住这两个关键时期, 如果等到齐穗后再防治, 效果就较差了。

以上就是水稻稻曲病防治技术的主要内容,稻曲病是目前影响水稻生产的主要病害之一,切实做好稻曲病的防治工作,才能保证水稻的品质和产量。

第七章

水稻矮缩病的识别与防治

水稻矮缩病,又称水稻普通矮缩病、普矮、青矮,是由水稻矮缩病毒引起的一种病毒病。水稻矮缩病曾于 20 世纪 60 年代在我国华北、华东地区流行。近几年由于耕作制度的多元化、农田生态多样化、栽培方式的不断变化,加上冬季气候变暖、南方多地洪涝灾害后的连续高温天气,造成了水稻矮缩病的扩散。目前,该病主要分布于我国南方稻区,寄主有水稻、野生稻、稗、看麦娘、早熟禾、雀稗等。水稻矮缩病严重影响水稻生长,导致水稻产量和品质下降,严重发病区几乎绝收。

▶ 第一节 发病症状

水稻矮缩病发病初期,新叶叶脉上会出现黄绿色或黄白色小点,对光观察时尤为明显。随后,小点沿叶脉逐渐延长,形成排列成行的断续条点(图 7-1)。

发病后期,病株叶色浓绿,质地僵硬,植株矮缩,节间缩短而分蘖增加,形成簇状,不抽穗或抽小穗。

由于病株根系发育不良,叶片逐渐变黄衰老。苗期到分蘖期发病的植株矮化,

图7-1 排列成行的断续条点

株高仅为正常植株的 1/3~1/2，
叶片皱缩扭曲（图 7-2），一般
不能抽穗。

有些水稻品种在拔节至孕
穗期发病，在高节位上会产生
1 个或多个分枝，分枝上长出
的小穗很少结实。孕穗后发病
的剑叶缩短，多出现包颈穗或

图7-2　皱缩扭曲的叶片

半包颈穗，穗小，空瘪粒多，结实率差。

除了水稻矮缩病能引起水稻矮缩之外，水稻黑条矮缩病、南方水稻
黑条矮缩病、锯齿叶矮缩病和草状矮化病等均可使水稻矮缩，为害症状
略有不同。

认识了它的症状之后，我们再来学习一下它的发病规律。只有掌握
了发病规律，才能更好地进行防治。

▶ 第二节　发病规律

水稻矮缩病病毒是通过
昆虫进行传播的，传毒昆虫
主要有黑尾叶蝉、二点黑尾
叶蝉和电光叶蝉，以黑尾叶
蝉（图 7-3）为主。叶蝉一旦
带菌，则可终生传毒。

晚稻收割后，病毒会寄
生在叶蝉的幼虫身上过冬，

图7-3　黑尾叶蝉

直至来年的 4 月,农田进行翻耕时,叶蝉就会飞到早稻的秧苗上,病毒寻得传染的时机进行传播。

在纯单季稻区和两季种植的稻区,叶蝉的发生规律不一样。在纯单季稻区,水稻收割后,叶蝉会继续藏身在农田里、水沟边、游草和稗草等禾本科植物上,继续生存,并进行繁衍,直至来年的耕种,叶蝉又继续新一轮的水稻矮缩病病毒传播。在两季种植的稻区,叶蝉会在早稻收割后,飞到晚稻的秧苗或者本田中传播病毒,待晚稻收割后叶蝉就会像在纯单季水稻区里一样传播病毒。

水稻矮缩病发生的轻重与多种因素有关。下面我们主要介绍一下气候、水稻品种和栽培情况这几种因素。

一 气候因素

冬季和春季温度高、降雨少、食料充足,有利于叶蝉的越冬存活,进而可能引起病毒病的严重发生和流行。

叶蝉喜欢躲在农田里、稗草上、水沟中进行越冬,这些地方的气温变化较为温和,降雨量较少,食料充足,存活率较高,携带病毒的叶蝉数量也较多,一到春耕,就能够引起大范围的病毒传播。

此外,夏季的 6—8 月,如果天气晴热干旱,也有利于叶蝉的生长,会引起连作晚稻和单季稻的大量发病。

二 水稻品种

叶蝉喜欢叶子颜色较深、叶片较大、分蘖能力较强的品种。品种不一样的水稻对于矮缩病的抵抗性也不同,高秆的抵抗力比矮秆强,杂交水稻的抵抗能力比粳稻强。同一个品种,晚稻的感染率比早稻高,而晚稻又以幼苗期至分蘖期最容易感染病毒。

三 栽培情况

可按耕作制度分为不同的稻区。进行单双季混栽或者"插花"现象严重的稻区,4月中下旬的绿肥田、冬板田或5月下旬至6月初单季稻还未翻耕且杂草丛生的地方,都为叶蝉的生长和繁殖带来极大的便利。耕作制度为早、中、晚稻混栽三熟制稻区,则对黑尾叶蝉不断繁殖和虫口密度迅速增长极为有利。6—7月早稻收割后,中稻的秧田和本田成为黑尾叶蝉聚集处,7—8月晚稻处于秧苗期和分蘖期,此时禾苗叶片嫩绿,食料丰富,并且温度、湿度适宜,易使大量带毒的黑尾叶蝉迁飞至中稻或晚稻田块,造成矮缩病不断扩展及蔓延。

掌握了水稻矮缩病的发病规律,我们就可以有针对性地设计防治方法了。

▶ 第三节 防治方法

目前,病毒病一直是药物防治的难点,喷施农药杀毒的防治效果十分有限。重点要放在控制病毒的传播上,才能取得较好的效果。因此,水稻矮缩病的防治应抓好感染期的治虫工作,以农业防治和药剂防治为主,在加强栽培管理和提高植株抗性的基础上,采用以生长期喷药保护为重点的综合防治策略。具体地说,可以分成以下几个方面。

一 农业防治

对水稻矮缩病的农业防治方法主要有以下几种。

一是选种抗(耐)病品种。因地制宜选用相对耐病、抗病品种,这是防治矮缩病最经济有效的措施。同时注意品种间轮换,避免产生抗性。

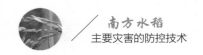

二是耕种时将发病概率较高的农田隔离,在育苗期对秧苗做集中监管,降低病毒的感染率。

三是生育期相同或相近的品种应连片种植,不种插花田,以减少黑尾叶蝉往返迁移传病的机会。

四是灌水时注意水位,适当晒田,预防封行和贪青。按照水稻的实际生长情况和需要,进行施基肥和追肥工作,避免水稻生长得过于繁茂。

五是在早期发现感染现象后,应当立即采取措施进行防范,阻断病毒的扩散,并加强肥水管理,促进健苗早发,可减少病害。

六是收割早稻时,应当有计划地分片集中收割,并从四周向中央收割,使黑尾叶蝉被驱赶集中在中央小面积稻区内,然后进行药杀。结合冬春季积肥,及时清除田边、沟边杂草,减少介体虫源栖息场所。

二 生物防治与物理防治

在早、中、晚稻田均可推广稻-鸭共育、振频式诱虫灯等防控技术,还可结合人工网捕、利用天敌等措施。这样既能防治其他害虫,又能兼治和降低黑尾叶蝉混合种群的虫口密度,有效防范矮缩病的发生。

三 化学防治

进行化学防治的主要对象是叶蝉。防治可分成三个阶段进行。第一阶段为4月下旬至5月上旬,这时越冬代成虫从越冬场所迁飞至早稻秧田和早插本田;第二阶段为6月上旬,这时第一代叶蝉成虫从纯单季的翻耕地点集结到单季的秧田或者本田;第三阶段为7月中旬至下旬,这时第2、3代成虫在早稻收割时迁入连晚秧田、早插连晚本田及部分迟插单季稻田。

常用的化学药剂有50%异丙威乳油（叶蝉散）、90%晶体敌百虫、50%杀螟硫磷乳油、50%混灭威乳油和25%杀虫双水剂等,可依据使用时的实际情况选择合适的药剂。

下面介绍一下这些药剂的特性。

1.50%异丙威乳油

50%异丙威乳油是一种氨基甲酸酯类杀虫剂,具有胃毒、触杀和熏蒸作用。对叶蝉科害虫有特效,击倒力强,药效迅速,但残效期短(3~5天);对稻飞虱天敌、蜘蛛类安全,但对人畜为中等毒性。

在防治适期,用20%异丙威乳油1 000~1 500倍液喷雾,每隔5~7天施药1次,连续2~3次,安全间隔期为14天。使用时应注意:①施用本品前后10天不可使用敌稗;②对蜜蜂有毒,对甲壳纲以外的鱼类低毒。

2.90%晶体敌百虫

90%晶体敌百虫是一种有机磷杀虫剂,毒性低、杀虫谱广,对害虫有很强的胃毒作用,兼有触杀作用,对植物具有渗透性,但无内吸传导作用。

在防治适期,用90%晶体敌百虫800~1 000倍液喷雾。喷药时要均匀、周到,每隔5~7天施药1次,连续2~3次,安全间隔期为7天。使用时应注意:①一般使用浓度0.1%左右对作物无药害,高粱、豆类对该药特别敏感,容易产生药害,不宜使用;②药剂稀释液不宜放置过久,应现配现用;③不能与碱性药物配合或同时使用。

3.50%杀螟硫磷乳油

50%杀螟硫磷乳油是一种有机磷类杀虫剂,高效、广谱、中等毒性,对害虫具有触杀、胃毒作用。能渗透植物组织杀死钻蛀性害虫,残效期较长。

在防治适期,用50%杀螟硫磷乳油1 000倍液喷雾,喷药应均匀、周到,以提高防治效果,每隔5~7天施药1次,连续2~3次,安全间隔期为21天。使用时应注意:①本品对高粱有药害,对萝卜、油菜等十字花科蔬

菜也容易产生药害,使用时要特别注意。②可与常用杀螨剂、杀菌剂混用,但不能与碱性农药混用,应现用现配。③此药对鱼毒性较大,使用时不要污染河流、鱼塘。

4.50%混灭威乳油

50%混灭威乳油是一种氨基甲酸酯类杀虫剂,对害虫具有强烈的触杀和胃毒作用。主要用于防治稻叶蝉,在若虫高峰期使用,击倒速度快、药效好。

在防治适期,用50%混灭威乳油1 000倍液喷雾,每隔5~7天施药1次,连续2~3次,安全间隔期为7~10天。使用时应注意:①不能与碱性农药混用;②不能在烟草上使用,以免引起药害;③该药有疏果作用,在花期后2~3周使用最好。

5.25%杀虫双水剂

25%杀虫双水剂是一种有机氮沙蚕素型杀虫剂,杀虫谱广,高效,有很强的胃毒、触杀、内吸作用,并有一定的熏蒸和杀卵作用。一般中毒的害虫死亡缓慢,但很快丧失取食能力,最后拒食而死。

在防治适期,用25%杀虫双水剂500倍液喷雾,每隔5~7天施药1次,连续2~3次,安全间隔期为15天。使用时应注意:①该药对家蚕具高毒,在蚕区使用必须十分谨慎;②在防治水稻基部害虫时,切忌干田用药;③豆类、棉花及白菜、甘蓝等十字花科蔬菜对该药较为敏感,尤其夏天易产生药害;④勿与强碱性物质混用。

<table>
<tr><td>第八章</td><td>水稻细菌性条斑病的
识别与防治</td></tr>
</table>

　　水稻细菌性条斑病主要分布于亚洲的热带、亚热带稻区,是我国的一种检疫性植物病害。20世纪五六十年代曾在海南、广东、广西、四川、浙江流行。80年代以来,随着杂交稻的推广和南繁稻种的调运,病区逐年扩大。目前除上述省、自治区外,江西、江苏、安徽、湖南、湖北、云南、贵州等省局部地区也有发生。水稻发病后叶片枯黄,空秕率上升,千粒重下降,一般减产15%~25%,严重时可达40%~60%。

▶ 第一节　发病症状

　　水稻细菌性条斑病主要发生在叶片上。发病初期叶片上出现暗绿色、水渍状、半透明的小斑点,随后沿叶脉纵向扩展,形成暗绿色或黄褐色纤细的条斑(图8-1),宽0.5~1毫米,长3~5毫米。

图8-1　叶片上的条斑

病斑表面黏附着很多露珠状、深蜜黄色的液体，也就是菌脓（图 8-2）。在它的里面包含了无数个病原细菌，它们就是罪魁祸首。

图8-2　病斑表面的菌脓

菌脓干燥后不容易脱落，发病严重时，叶片上病斑增多，多个病斑可以融合成一个大斑，呈现不规则的黄褐色至枯白色斑块。但对光检视，仍可看出是由许多半透明的小条斑融合而成的。发病严重时稻株矮缩，叶片卷曲。

▶ 第二节　病害循环

在病稻谷和病稻草上越冬的病菌，是此病的主要初侵染源。带菌种子的调运是病害远距离传播的主要途径。带病种子播种后，病菌开始侵染幼苗。移栽时，发病的秧苗又把病菌带到大田。

如果用病稻草催芽、覆盖秧板、扎秧把、堵塞涵洞等，病菌也能被传入稻田。

发病后病斑上溢出的菌脓可借风、雨、露水、灌溉水、昆虫及农事操作过程中叶片之间接触摩擦等传播蔓延，进行再次侵染，使发病范围不断扩大。

▶ 第三节　发病因素

在有菌源存在的前提下，条斑病的发生与流行主要受气候条件、品种、抗病性及栽培管理技术等因素的影响。

一　气候条件

此病发生流行要求高温、高湿条件,气温 28 ℃、相对湿度接近饱和时最适于病害发展。台风、暴雨或洪涝侵袭,造成叶片出现大量伤口,有利于病菌的侵入和传播,容易引起病害流行。长江中下游地区一般在 6—9 月间最易流行。

二　品种

目前尚未发现对条斑病免疫的水稻品种，但品种间抗病性差异明显。一般粳稻比籼稻、糯稻抗病,常规稻比杂交稻抗病,小叶型品种比大叶型品种抗病,叶片窄而直立的品种比叶片宽而平展的品种抗病。

三　抗病型

同一水稻品种的植株在不同生育期的抗病性也有差异。 幼苗三至四叶期、分蘖盛期和孕穗期是水稻最易感病的 3 个时期。另外需要注意的是,同一品种在不同地区的抗病性也有所不同,这与各地病菌的致病率差异有关。

四　栽培管理

病害的发生与栽培管理,特别是灌溉、施肥有密切关系。一般深灌、

串灌、漫灌以及偏施或迟施氮肥,均有利于此病的发生和为害。

第四节　防治方法

一　从病菌源头防控

从源头抓起,防止病菌进入稻田。具体做法有:

1.严格实行检疫制度

对调进、调出的种子要进行检疫,不要让带菌种子进入无病地区,以控制病区的扩大。

2.严格处理好带病稻草

带病稻草堆放要远离稻田,不能用于催芽、扎秧把等。

3.种子消毒

对带菌或可疑带菌的种子,在播前结合浸种催芽进行种子消毒。方法是:对水育秧田,用 36% 强氯精 10 克 500 倍液浸种 2.5 千克左右,18~24 小时后,用清水冲洗干净,再催芽或播种。对旱育秧或直播田,用 36% 强氯精 10 克,均匀搅拌后干稻种 2.5 千克,直接播种。

做好以上措施,就能很好地减少病原菌的数量了。但我们千万别大意,还需要多做一些工作,以确保水稻能够远离细菌性条斑病。

二　加强田间管理

具体做法有:

1.选用抗病品种

选用抗病品种是一种经济有效的防病措施,可以咨询当地的植保部门,选择适宜当地种植的抗病丰产的水稻品种。

2.加强肥水管理

做到排灌分开,浅水勤灌,适时烤田,严防深灌、串灌、漫灌,要施足基肥,早施追肥,避免氮肥施用过迟、过量。

3.药剂防治

在往年经常发病的田块,在秧苗三至五叶期,移栽前各喷 1 次药剂,预防细菌性条斑病的发生。药剂可选用 20%叶枯唑可湿性粉剂 600 倍液、12%松脂酸铜乳油 500 倍液或 72%农用链霉素粉剂 3 500 倍液。此外,在大田期,特别是水稻进入感病生育期后,要及时调查病情。对有零星发病中心的田块,应及时喷药封锁发病中心,防止病害蔓延,必要时进行全田防治。

以上介绍的药剂均可使用。秧田的药液使用量为每亩 40~50 千克,本田为 60~70 千克。施药时间以上午露水干后或者傍晚为宜,不要在露水未干前下田,以免传播病害。

第九章 水稻条纹叶枯病的识别与防治

水稻条纹叶枯病是由水稻条纹病毒引起的一种病毒病。近年来,该病多次在我国广大稻区暴发流行。据不完全统计,水稻条纹叶枯病在我国的发病面积已经超过 300 万公顷,发病田块病穴率一般为 5%~30%,重病田块为 50%~60%,严重时可超过 80%。由于发病后没有农药能治愈,只能眼睁睁地看着发病稻株减产或者死亡,因此条纹叶枯病也被称为水稻的"癌症",大发生时就会造成水稻严重减产,甚至绝收。

▶ 第一节 发病症状

水稻苗期至孕穗期都有可能会发生条纹叶枯病,不同时期病株的症状有所差异。苗期发病,心叶基部先是出现褪绿黄白斑,然后扩展成与叶脉平行的黄色条纹状病斑(图 9-1),但条纹之间仍然保持着绿色。

图9-1 黄色条纹状病斑

在一些品种上,病苗还会出现枯心(图9-2),这种枯心看上去跟水稻螟虫为害造成的枯心苗相似(图9-3),但病苗上没有蛀孔和虫粪。

图9-2　条纹叶枯病造成的枯心苗

图9-3　螟害造成的枯心苗

分蘖期发病,先在心叶下一叶的基部出现褪绿的黄色斑点,然后扩展形成不规则的黄白色条斑。在一些糯稻品种上,还会出现枯心;在籼稻品种上,不会出现枯心症状。

拔节后发病,在剑叶下部出现黄绿色的条纹,各类型的水稻都不会枯心,但抽出的稻穗畸形,结实率很低,形成假白穗。

孕穗末期气温下降,田间又开始发病,病株抽出的稻穗小,呈苍白色,主梗和小枝梗扭曲畸形,穗颈脆嫩、易断,谷粒均为瘪粒。

所以，概括地说，水稻条纹叶枯病的症状大多为心叶出现褪绿的黄色条纹状病斑，或者心叶枯死，稻穗畸形或出现白穗。

▶ 第二节　发病规律

说到水稻条纹叶枯病的发病规律，就不得不提到一种水稻害虫——灰飞虱。水稻条纹叶枯病的病毒只能通过昆虫传播给水稻，最主要的传毒昆虫就是灰飞虱（图9-4）。

图9-4　传毒昆虫——灰飞虱

病毒在灰飞虱体内越冬，当水稻出苗时，携带着水稻条纹病毒的灰飞虱来到水稻上为害，病毒就会通过灰飞虱的口器被传播到水稻体内，然后在水稻组织里大量繁殖，从而引起水稻条纹叶枯病的发生。此时，那些没有携带病毒的灰飞虱如果取食了这棵病株，病毒就会随着水稻汁液被传回灰飞虱体内，被灰飞虱带走，从而传播到更多的水稻上，引起条纹叶枯病的大发生。灰飞虱体内一旦携带水稻条纹病毒，那么它就能够终生传毒，即使不再吸食有病的稻株，也一样能传播病毒，传毒能力不容小觑。

因此,灰飞虱发生量越大,带毒的灰飞虱越多,水稻条纹叶枯病发生得就越严重,这是水稻条纹叶枯病大发生的重要原因。所以,一切有利于灰飞虱发生、发展的环境因素,例如春季气温偏高,降雨偏少,都有可能会造成水稻条纹叶枯病大发生。

此外,不同品种的水稻,抗病性差异也比较明显。一般来说,杂交籼稻的发病明显轻于粳稻。不同生育期的水稻,抗病性也不同,水稻幼苗期对条纹叶枯病的抗性最低,很容易发病,其次是分蘖期,再次是拔节期,最后是孕穗期。栽培管理也对水稻条纹叶枯病的发生有一定的影响。一般来说,偏施氮肥、移栽较早、分蘖期落黄晚的地块发病较重,而注重平衡施肥、带药下田、水肥管理精细、分蘖期落黄早的地块发病较轻。

由于灰飞虱也能为害小麦,在种植麦茬稻的地区,小麦收割后,灰飞虱就会集中转移至稻苗上为害,因此,种植麦茬稻的地区更容易发生条纹叶枯病。

▶ 第三节　防治方法

植物病毒病一直是药物防治的难点,农药的防治效果十分有限,所以,在水稻条纹叶枯病的防治过程中,要特别重视该病的预防工作。以控制病毒的传播为重点,也就是在防治灰飞虱上下功夫,杀灭灰飞虱,控制条纹叶枯病的传播,再辅以农业栽培、使用病毒抑制剂等手段,减轻条纹叶枯病的危害。具体来说,可以分成以下几个方面:

一　种植和推广抗病品种

这是目前防治该病最经济有效和环保的方法,优良的抗病品种能利用植物本身对病菌的抵抗能力,杜绝或者减少病害的发生,如镇稻88、徐

稻 3 号、徐稻 4 号、连粳 4 号等。也可以咨询当地种子部门或者农机部门，选择适宜当地栽培的抗条纹叶枯病品种。

二 调整耕作制度和作物布局

耕作制度和作物布局对灰飞虱的发生有较大的影响，合理的耕作安排可以减少灰飞虱的发生。秧田要连片安排，远离虫源田；水稻要成片种植，避免插花田；不同熟期的水稻，不要种植在同一片区域，防止灰飞虱在不同季节、不同熟期和早、晚季作物间迁移传病。

三 压低越冬虫源

看麦娘、稗草等是灰飞虱越冬寄主，秋季水稻收获后，耕翻灭茬，全面防除田间地头和渠沟边禾本科杂草，有利于减少灰飞虱的发生量和带毒率，对来年条纹叶枯病的防治具有积极的作用。

四 保护秧田

选择合适的时期播种，避开灰飞虱的迁入期。有条件的种植户，还可以采用防虫网、无纺布笼罩秧苗，避免灰飞虱与秧苗的接触，可以有效降低秧苗的发病率。此外，水稻工厂化育秧也在一些地方开始普及，有条件的农户可以直接购买秧苗。

五 药剂防治

药剂防治以杀灭灰飞虱为主，可以采取药剂浸种和田间防治相结合的办法。药剂浸种是在播种前，用 10% 吡虫啉可湿性粉剂 500~1 000 倍液浸种 48 小时，然后催芽播种，这样育出来的秧苗体内就会含有吡虫啉，对前来取食的害虫有杀灭作用，有利于控制早期迁入秧田的灰飞虱。田间防治要选择合适的时机喷药，具体来说，秧田期要在成虫发生始盛期喷一次药,间隔 3~5 天后再喷施一次,移栽前 3~5 天再喷一次。本田期在第 2 代灰飞虱卵孵高峰期至低龄幼虫高峰期喷一次,间隔 3~5 天后再喷施一次。

药剂以兼顾速效性和持效性的混配剂为最佳,例如,每亩用 48%毒死蜱乳油 50 毫升加 20%异丙威乳油 100 毫升兑水 50 千克喷雾。此外,吡虫啉、吡蚜酮、毒死蜱等药剂对灰飞虱也有较好的防治效果,我们可以根据实际情况选择使用。需要注意的是,由于灰飞虱大多聚集在稻丛基部,因此,喷药时要往下喷,让药液接触到虫体或者水稻基部的茎秆,以提高防治效果。喷药时,田间最好保持有 5 厘米左右的浅水,以杀灭那些从稻丛上掉落的灰飞虱。除了用药防治灰飞虱以外,也可以在返青至分蘖期,喷洒 2%南宁霉素水剂,每亩用量为 200 毫升,对抑制水稻条纹病毒有一定的作用,能减轻条纹叶枯病的发生。

第十章　水稻白叶枯病的识别与防治

水稻白叶枯病是我国水稻的三大病害之一，国内除新疆外，其余各地均有发生，以华东、华中、华南稻区发生普遍，危害较重。水稻受害后，叶片干枯，瘪谷增多，千粒重降低，米质松脆，一般减产10%~30%，严重的减产50%以上，甚至颗粒无收。

▶ 第一节　发病症状

由于品种、环境条件和病菌侵染方式的不同，病害症状有多种类型，最常见的是叶枯型症状，一般发生在分蘖期之后。常常从叶尖或叶缘开始发病，出现黄绿色或暗绿色斑点；之后就会沿着叶脉迅速向下扩展成长条状，颜色为黄色或略带红褐色；最后发病部位枯死、干枯，变成灰白色或黄白色（图10-1）。

图10-1　枯死的病部

病斑与叶片健康的部分之间有明显的界线。在粳稻品种上,交界线呈波纹状(图10-2);在籼稻品种上,交界线呈直线状(图10-3)。

图10-2　粳稻品种上的
波纹状界线

图10-3　籼稻品种上的直线状界线

田间湿度大时,病斑上能够看到乳白色的液滴。如果液滴长时间停留在叶片上,也会因为溶解了叶片的成分而变成柠檬黄色、红褐色等颜色。

除了叶枯型症状之外,有时也会出现急性型、凋萎型和黄叶型症状,由于这几种类型的症状比较少见,这里就不做详细介绍了。

▶ 第二节　病害根源

水稻为什么会发生白叶枯病呢?这还得从一种细菌说起,这种细菌的名字叫稻黄单胞菌水稻致病变种,当它侵染了水稻之后,水稻就会发生白叶枯病。在分类上,这种细菌隶属于薄壁菌门黄单胞菌属,它非常小,肉眼是看不见的。长1~2微米,也就是千分之一到千分之二毫米,呈棍棒状,直径0.8~1微米,尾部有一根长6~8微米的鞭毛,这是它的运动

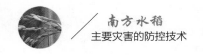
器官,它就靠这根鞭毛的摆动来前后左右地移动。

在 25~30 ℃的温度范围内,这种细菌生长、繁殖的速度最快。这就是田间气温在 25~30 ℃时,水稻白叶枯病来势最凶猛、传播蔓延最迅速的原因。

第三节　传播与侵染

在水稻插播以后,那些躲藏在稻草和稻桩里的细菌,就通过灌溉水的流动等途径,附着到了水稻上。它们能通过水孔、伤口和气孔,从叶片、叶鞘、茎秆基部以及根等部位,进入到水稻体内。

水孔很小,肉眼是看不到的,但对小小的细菌来说,这是一个敞开的大门。通过这扇"门",细菌就进入到了柔软组织,这里是它的乐园。通过吸收这里的养分、水分,它开始繁殖,并且能随着导管中液体的流动,扩展到叶片的其他部位。

当细菌越来越多,多到塞满了管道的时候,这个管道就没法运输养分、水分了,从而导致叶片细胞死亡,叶片局部枯死,这就是白叶枯病能形成病斑的原因。

塞满管道的细菌最终又会被挤出管道,充满柔软组织,最后再从水孔排出,在水孔附近形成细菌黏液,也就是菌脓。包含了无数细菌的菌脓,很容易被风雨、露水、灌溉水或者农事操作所携带,逐渐往周围传播,使病害不断蔓延。

▶ 第四节　发病规律

一　白叶枯病菌的来源

前面已经介绍了,水稻白叶枯病是由一种细菌引起的,而这种细菌在侵入水稻之前,是躲藏在病稻草和病稻桩里的,除了稻草和稻桩之外,它还能躲藏在稻种里面。因此,如果使用的稻种、遗留在田间的稻桩以及捆扎秧把的稻草携带的细菌越多,水稻就越容易发病。

二　水稻的抗病性

不同类型、不同品种以及不同生育期的水稻,抗病性也各不相同。一般来说,糯稻抗病性最强,粳稻次之,籼稻最弱;叶片水孔数量多的品种比水孔数量少的品种容易发病;孕穗期至抽穗期的水稻比其他生育期的水稻容易发病。

三　发病的气象条件

不同的气象条件下,发病程度也不相同。首先是气温,白叶枯病的发生,一般在气温25~30℃时最严重,而气温在20℃以下和33℃以上时,病害的发展就会受到抑制。对于已经发病的稻株来说,不适宜的气温只能使细菌繁殖得慢一些,并不能导致细菌的死亡,所以,千万不能认为经过一段时间的低温或高温之后,水稻白叶枯病就会消失了。其次是雨水、灌溉水等流动的水,前面已经介绍过了,引起白叶枯病的这种细菌,很容易被风雨、露水、灌溉水所携带,逐渐往周围传播。因此,降雨(尤其是暴雨)、台风和洪涝灾害,都十分有利于这种细菌的传播和侵入,很容易引起白叶枯病的暴发和流行。最后是日照,如果遇到长时间的阴雨天气,日

照长期不足,水稻的长势就会减弱,抵抗力就会降低,就很容易被细菌侵入,病情也会更加严重。

我们可以用一句话来总结以上所说的气象条件,那就是:适温、多雨和日照不足,有利于水稻白叶枯病的发生。

四 发病的耕作制度因素

不同的耕作制度下,水稻白叶枯病的发生程度也不相同。在早稻、中稻、晚稻混栽的地区,由于不同茬口的水稻混栽,细菌可以在不同茬口的水稻上辗转发生。因此,水稻白叶枯病在这样的耕作制度下,比在纯双季稻或者水稻与其他作物轮作时,发生更严重。

五 发病的栽培管理因素

不同的栽培管理,对水稻白叶枯病的发生有着显著影响。在肥料的使用方面,氮肥施用过多或过迟,或者基肥施用过多,就容易使秧苗生长过旺、抗病力减弱,同时也会使田间过度郁蔽,通风透光性差,会加重白叶枯病的发生;在水分管理方面,深水灌溉或稻株受淹,既有利于病菌的传播和侵入,又会使水稻大量消耗自身的营养来提供呼吸所需要的能量,降低了稻株的抗病力,从而有利于发病。

▶ 第五节 防治方法

一 检验检疫

水稻白叶枯病是一种检疫性病害,因此各稻区要严格做好检疫工作,没有发生过水稻白叶枯病的地区,要防止带菌的种子传入,保证不从病区引种。如果确实需要引种,一定要严格做好种子的消毒工作。

二 选用抗病品种

由于不同水稻品种的适宜栽培区不同。因此,不能盲目地选择抗病品种,不能认为只要是抗病品种,在哪都能种。最好到当地的种子部门咨询,选择适宜本地种植的抗白叶枯病水稻品种。

三 培育无病壮秧

选用无病种子,选择地势较高而且上一年没有发病的田块做秧田。可以采取旱育秧技术,减少秧田的用水量,严防大水漫灌。

四 种子处理

种子处理大多使用药剂浸种法。具体方法是用 20% 噻枯唑可湿性粉剂 500 倍液,或 45% 代森铵水剂 500 倍液浸泡稻种,药液要漫过稻种,静置 24~48 小时,然后催芽播种。

五 加强栽培管理

加强农田基本建设,提高农田排灌能力。在水稻分蘖末期适当晾田,浅湿管理,防止大水串灌、漫灌和长期深灌,防止水淹。避免偏施氮肥,适当增施磷、钾肥,提高植株抗病能力。

六 药剂防治

水稻白叶枯病常发地区,要抓好秧田管理。发病秧田要及时喷药防治。此外,在水稻三叶期和移栽前 5 天,各喷施 1 次 10% 三氯异氰尿酸粉500 倍液,可以有效预防大田发病。

在大田期,特别是水稻进入孕穗期至抽穗期时,要及时调查病情,对有零星发病中心的田块,应当及时喷药,封锁发病中心,防止病害进一步扩大蔓延。发病中心多的田块,或者是出现发病中心的感病品种田块,应

当进行全田防治。此外,病害常发地区,在暴风雨之后,也应该立即喷药保护,防止白叶枯病的暴发和流行。

目前,防治白叶枯病的常用药剂有 15%噻枯唑可湿性粉剂 2 000 倍液、72%农用链霉素可溶性粉剂 3 000~4 000 倍液、20%噻菌铜乳油 2 500 倍液、50%氯溴异氰尿酸可湿性粉剂 2 500 倍液、20%噻森铜乳油 2 000 倍液等。

施药时间一般选择在上午露水干了以后,或者傍晚,可以采用常规喷雾法,将药液均匀地喷施在茎叶表面。施药后 7 天左右,如果病情已经被控制住了,就不需要再施药了。否则,还要再施药 1 次。

第十一章 > 稻飞虱的识别与防治

稻飞虱是为害水稻的飞虱类害虫的总称。在我国，能够为害水稻的飞虱有 10 余种，在分类上，它们都属于半翅目飞虱科。但真正能对水稻造成严重危害的种类只有褐飞虱、白背飞虱和灰飞虱 3 种，通常我们所说的稻飞虱，也就是指这 3 种。

▶ 第一节 分布与为害

稻飞虱的分布很广，全国各稻区都有发生。但 3 种稻飞虱由于食性的不同，以及对温度的要求和适应性的不同，在地理分布和各稻区的发生为害情况也有所不同。褐飞虱是南方性种类，在长江流域以南各省发生为害比较重。白背飞虱分布比褐飞虱广，但仍然以长江流域为主，北方稻区偶尔猖獗为害。灰飞虱的分布遍及全国，以华东、华中、华北、西南等地发生为害较重，华南稻区发生较少，属于偏北性种类。

除了分布不同以外，它们的食谱也略有不同。褐飞虱食性单一，只取食水稻和普通野生稻；白背飞虱的食谱稍微丰富一点，它可以取食水稻、稗草、早熟禾等；灰飞虱取食的植物最多，有水稻、小麦、大麦、稗草、看麦娘、游草等。

稻飞虱的成虫和若虫都能为害。它们在稻丛下部刺吸稻秆里的汁液，消耗稻株养分，导致水稻长势衰弱。另外，由于刺吸取食和产卵，会在

稻株上留下很多不规则的伤痕,既影响了水分和养分的输送,又给病菌打开了侵染水稻的大门,使稻株感染菌核病等病害。水稻严重受害时,稻丛基部常变黑发臭,甚至整株枯死。田间受害稻丛常由点、片开始,远远望去,比周围的正常稻株黄矮,俗称"冒穿"、"透顶"或"塌圈"(图11-1)。

图 11-1 受稻飞虱为害的稻丛——冒穿

由于稻株密集、稻叶掩盖,初期为害症状不为人们所注意。当稻株受害严重时,稻株成团倒状、呈火烧状时,才明显地显示受害症状,但已造成无可挽回的损失。乳熟期,田间常因严重受害而呈点、片枯黄,甚至成片倒伏,造成谷粒千粒重下降,瘪粒增加,甚至颗粒无收。

稻飞虱除了能直接取食而为害以外,还可以传播病毒,引起农作物的病毒病。例如,褐飞虱可以传播水稻齿矮病毒,灰飞虱能传播水稻条纹叶枯病、水稻矮缩病和小麦丛矮病等。

下面我们就来认识一下这3种稻飞虱。

▶ 第二节　形态特征

虽然只有3种稻飞虱,但由于它们有多种虫态,有的种类雌、雄又形态不同,因此,想要正确地区分它们,还需要多下点功夫。从总体上来说,稻飞虱体长 3~5 毫米,田间常见的虫态有长翅型成虫、短翅型成虫和若虫。认识虫态对于防治有着重要的作用。我们先来学习一下怎么区分这 3 种虫态。最容易识别的是长翅型成虫,它的翅膀比较长,覆盖在身体上方,超过了腹部末端。

最容易被认错的是短翅型成虫,它很容易被当作若虫。若虫是没有翅膀的,但高龄若虫有翅芽。它的翅芽看上去跟短翅型成虫的翅膀很像,但翅芽只是翅膀的雏形,到最后一次脱皮羽化为成虫的时候,翅芽才伸展成为真正的翅膀。那怎么区分短翅型成虫和若虫呢? 短翅型成虫翅膀前端宽圆,停息时左右两个翅膀相接在一起,覆盖在体背上;而高龄若虫翅芽比较狭窄,末端尖圆,停息时左右两个翅芽不相连,而是位于身体的两侧。

认识了这 3 种虫态之后,我们先来学习一下如何识别这 3 种飞虱的成虫。成虫的翅膀前面,有一块叫作"小盾片"的部位,小盾片的颜色和斑纹是区别这 3 种飞虱的重要特征之一。先来说一下比较容易区分的白背飞虱成虫(图 11-2),它的小盾片中央有一条黄白色的斑纹,两侧是黑色的,其他两种稻飞虱的成虫都没有这么明显的黄白色斑纹。

图 11-2　白背飞虱成虫

褐飞虱成虫(图11-3)的小盾片颜色为暗褐色,上面有3条纵隆线。

灰飞虱的小盾片,雌雄是有差异的,雄成虫小盾片呈明显的纯黑色(图11-4),而雌成虫的小盾片中央呈淡黄色,两侧呈灰褐色(图11-5),

图11-3　褐飞虱成虫

图11-4　灰飞虱雄成虫

图11-5　灰飞虱雌成虫

形态上介于白背飞虱和褐飞虱之间,因此它们十分容易被认错。

稻飞虱的卵比较相似,形状看上去像一根香蕉,初期呈黄白色半透明状,随后卵前端出现红色眼点,接近孵化时,卵呈淡黄色。

我们再来看看若虫。根据脱皮次数的多少,若虫可以分为不同的龄期。每脱一次皮,若虫就增大1龄。这3种稻飞虱的若虫都有5个龄期,分别是1~5龄若虫。辨认若虫对于选择合适的用药时机具有重要的意义。从卵里刚孵化出来的时候是1龄若虫,体长只有1毫米左右,5龄若虫体长3毫米左右。1、2龄若虫是没有翅芽的;3龄若虫开始长出翅芽,从中、后胸两侧向后延伸成"八"字形;4龄若虫前翅芽尖端与后翅芽尖端接近或者平齐;5龄若虫前翅芽尖端超过后翅芽尖端。

▶ 第三节　生活习性

这3种稻飞虱生活习性相近,但也各有特点。只有了解了它们的生活习性,才能明白它们的危害,并更好地防治它们。

稻飞虱每年发生的世代数,随不同地区的气温而异,从北往南,随着年平均温度的升高,稻飞虱每年发生的世代数从3代逐渐增加到11代。在26~28 ℃的条件下,一般一个月完成一代。

稻飞虱对嫩绿色的水稻有明显的趋性,多群集于稻丛下部茎秆间取食。褐飞虱的繁殖力很强,一般每头雌虫可以产卵200~700粒。卵刚产下时,产卵痕不明显,经两到三天就变成褐色的短条纹斑了,很容易辨别,且卵粒前端略微露出叶鞘。产卵部位常随稻株老嫩和水稻不同生育期而有所差异,在青嫩稻株上,卵多产在叶鞘中央肥厚的地方;在黄老稻株上,则多产在叶片基部的中脉内。水稻拔节前,卵主要产在叶鞘组织中;灌浆乳熟阶段,一半产在叶鞘中,一半产在叶脉中;蜡熟期则大部分产在

叶脉组织内。每个卵块的卵粒数不等,一般为 10~25 粒。褐飞虱成虫和若虫都喜欢阴湿环境,怕阳光直射,一般群集在离水面 10 厘米以内的茎秆上取食和栖息,一般不太喜欢移动,遇到惊扰的时候,就会跳往别处或者掉落在水面上。

水稻孕穗期至乳熟期,褐飞虱虫口密度迅速上升,特别是短翅型成虫占成虫总数的比率不断增加。乳熟后期至黄熟期,短翅型成虫的比例迅速下降,这主要是由食料条件所决定的。短翅型成虫的出现,是褐飞虱种群数量迅速增长的预兆,对预测褐飞虱的发生趋势有重要意义。

白背飞虱繁殖能力比褐飞虱低,每头雌虫仅能产 80 多粒卵。在稻株上产卵的部位,随水稻生育期的推延而逐渐上移。分蘖期多数产卵在稻丛基部的叶鞘组织中,孕穗期多在稻茎中部产卵,乳熟期大多在顶部第一叶和第二叶基部中肋组织中产卵。在稻田,白背飞虱还喜欢选择稗草产卵和取食。

灰飞虱危害水稻习性与褐飞虱相似,但雌虫产卵量也比褐飞虱低,每头雌虫能产卵 60~260 粒,每个卵块中有 1~10 粒卵。灰飞虱也喜欢在稗草上产卵,多产于茎内和叶片基部,同一块田里,在稗草上的产卵量比在水稻上高 5~10 倍。

褐飞虱和白背飞虱有一项高超的技能是灰飞虱所没有的,这就是迁飞。迁飞是指昆虫通过飞行而大量、持续地远距离迁移。具体地来说,在我国越冬的褐飞虱和白背飞虱数量很少,仅广东、福建、海南、云南等省南部稻区有少量的褐飞虱和白背飞虱越冬。每年 3 月下旬到 5 月,褐飞虱和白背飞虱就会随着西南气流从湄公河三角洲水稻种植区迁出,被气流裹挟着带上 1 500~2 000 米的高空,最后降落到广东、广西及云南等省、自治区的南部,并且在那里的早稻上繁殖 2~3 代。然后在 6 月早稻黄熟时继续向北迁飞,主要降落在岭南地区,7 月中下旬再往北迁飞到长江流域及以北地区。9月中下旬至10月上旬,当北方中稻黄熟时,则随东北气流往南回迁。在迁飞途中,如果遇到降雨、下沉气流等,常常被迫降落地面。所以,褐飞虱和白背飞虱常有"同期突发"的现象,也就是同时在大范围内大量出现,会让种植户感觉昨天还好好的稻田,今天怎么就突然出现了这么多的稻飞虱。各地从开始见到虫源到主要为害,一般历时50~60天。

灰飞虱没有迁飞的本领,但它耐低温的能力比较强,能在我国大部分地区以若虫和成虫在田边、沟渠边的杂草中越冬,所以每年发生的灰飞虱,虫源都在本地。

▶ 第四节　影响因素

影响稻飞虱发生的因素有很多,例如迁入的时间和迁入的数量、水稻生长状况、气候条件、田间管理以及天敌等,弄清楚这些因素对稻飞虱的发生有什么样的影响,对于稻飞虱的防治有着重要的指导意义。

褐飞虱和白背飞虱当年的发生情况直接与初始虫源的迁入期和迁入量有关。迁入得越早,数量越大,就越能在田间形成大规模种群,危害就越严重。

适宜褐飞虱生长发育的温度为20~30℃,在长江流域,如果盛夏不热、晚秋温度偏高,则有利于褐飞虱的繁殖。白背飞虱对温度适应范围较广,15~30℃的温度下都能正常发育。灰飞虱耐低温的能力比较强,可以在我国北方越冬,但对高温的适应性比较差,夏季高温不利于它的生存和繁殖。

在褐飞虱迁入的季节,如果经常下雨,而且雨量大,则有利于褐飞虱和白背飞虱的迁入,容易大发生。褐飞虱和白背飞虱喜欢潮湿,因此,多雨天气或者田间湿度在80%以上,有利于它们的发生。如果6—9月降雨

天数多、雨量适中,就特别有利于褐飞虱的发生。尤其在7月初前后,降雨天数多、降雨强度小,褐飞虱虫口数量可以数十倍地增长。而灰飞虱则更喜欢湿度偏低的环境。因此,一般在生长茂密和长期有水的稻田,褐飞虱和白背飞虱发生比较严重;通风透光好的稻田,有利于灰飞虱的发生。不过,暴雨对这3种稻飞虱都有冲刷作用,暴雨过后,稻飞虱的数量都会减少。此外,稻飞虱取食和产卵的部位都比较低,因此,洪涝或稻田淹水能使稻飞虱的取食量、产卵量和卵孵化率显著降低。

水稻品种及生育期对稻飞虱的发生也有重要影响。水稻不同品种对稻飞虱的抗虫性有差异,有的品种比较抗稻飞虱。水稻分蘖和拔节期对褐飞虱繁殖数量的增加最为有利,其次为孕穗期,秧苗期和成熟期都不利于褐飞虱的繁殖。

此外,氮肥施用过量、田间环境荫蔽及潮湿,有利于褐飞虱和白背飞虱的发生。水稻直播有利于褐飞虱和灰飞虱的发生。

褐飞虱的天敌很多,如蜘蛛、青蛙、黑肩绿盲蝽、稻虱缨小蜂等,对于控制褐飞虱数量的增长有着重要的作用,需要加以保护和利用。

▶ 第五节　防治措施

防治稻飞虱,必须贯彻"预防为主,综合防治"的植保方针。在防治上,首先要充分利用农业增产措施和自然条件,创造不利于稻飞虱发生而有利于水稻增产和天敌繁殖的条件,在此基础上,根据虫情,合理使用农药。真正做到农业防治为基础,保护天敌压基数,压前控后争主动,合理用药保丰收。

具体的防治措施有:

一 农业防治

实行连片种植,合理布局,做到同种同收,以防止稻飞虱迂回迁移,辗转危害,有利于统一时间集中防治。

在水稻生长期间实行科学的肥水管理,在用水上,要做到沟渠配套,排灌自如,田间开沟,浅水勤灌,适时烤田,防止长期积水。种植晚稻的地区,可以在秧苗移栽前一星期,把秧田水放浅,使稻飞虱产卵部位下降,移栽前 2 天放不超过秧心的深水淹灌 24 小时,可以杀死大量的稻飞虱卵。在用肥上,要掌握施足基肥、及时追肥、促控结合的原则,防止封行过早,贪青晚熟。这样就能使田间通风透光,降低湿度,造成有利于水稻生长而不利于稻飞虱发生的田间小气候,起到抑虫增产的作用。

在杂草的防除上,要结合秧田和本田除草,彻底拔除稗草,冬季清除田边杂草,消灭灰飞虱越冬虫源。

选育推广抗虫丰产品种,防止褐飞虱新生物型出现,如中国杂交稻汕优 6 号。此外,可因地制宜选用七桂早 25、威优 35、Ⅱ优 46、D 优 64、南京 14、扬稻 3 号等抗虫品种。

二 生物防治

稻飞虱的天敌很多,对控制稻飞虱的危害起着重要作用。在农业防治的基础上,采用选择性药剂,调整用药时间,减少用药次数,主动地保护天敌,可充分发挥天敌对稻飞虱的控制作用,能达到既省钱又环保的效果。

研究表明,当稻田蜘蛛和稻飞虱的数量比例为 1:4~1:2 时,蜘蛛就能控制稻飞虱的为害,可以不用药。稻田养蛙、养鸭,同时利用频振式杀虫灯诱杀,能有效控制稻飞虱的种群数量。

三 **药剂防治**

目前稻飞虱对有机磷类、氨基甲酸酯类和拟除虫菊酯类杀虫剂的抗性逐年提高,例如溴氰菊酯已经不适宜用于稻田害虫防治。因此,防治稻飞虱应选用目前还没产生抗性或者抗性发展慢的农药品种,并注意经常轮换使用农药品种。

稻飞虱是农作物重要害虫,及时掌握和预测它们的发生程度是稻飞虱防治中的一项重要工作,这就要做好预测预报工作。稻飞虱的预测预报方法有很多,但都要具备一定的专业基础,普通农户是难以做到的。在水稻生产季节内,各地的植保站、农技推广中心等单位会发布《病虫情报》,针对当前水稻主要病虫害发生的趋势及防治措施给出指导性的意见。您可以从植保站、农技推广中心的网站上获取这些信息。当然了,您也可以根据自己田间的具体情况做出判断。一般来说,药剂防治的最佳用药时机为稻飞虱低龄若虫高峰,防治指标因稻型和生育期的不同而有所差异(见表11-1)。

表11-1 不同稻型和生育期的稻飞虱防治指标

田间高峰	稻型和生育期	防治指标
第1次	早稻拔节至孕穗期 中稻分蘖期	300~600 头/百丛
第2次	早稻乳熟期 中稻圆秆拔节期	1 500 头/百丛
第3次	中稻乳熟期	1 500 头/百丛
第4次	迟中稻乳熟期 晚稻分蘖期	600~800 头/百丛
第5次	晚稻乳熟期	1 500 头/百丛

达到上述防治指标时,就需要及时用药物防治了。药剂可以选用 10% 烯啶虫胺水剂 1 500~2 000 倍液。烯啶虫胺不能与碱性物质混用,否则会

降低药效。还可以选用 10%乙虫腈悬浮剂 1 000~1 500 倍液。乙虫腈的作用机制不同于有机磷类、氨基甲酸酯类和拟除虫菊酯类杀虫剂,而且对稻飞虱的持效期可达 10 天以上,是抗性治理的理想农药。25%噻嗪酮可湿性粉剂 2 000 倍液对稻飞虱也有很好的防治效果,而且持效时间较长,喷药 14 天以后仍然能对稻飞虱起到明显的抑制作用。5%噻虫嗪水乳剂 2 500 倍液也是防治稻飞虱比较理想的农药。生产中可以交替使用以上药剂,以防止稻飞虱产生抗药性。

需要提醒的是,由于稻飞虱多栖息于稻丛中下部,因此喷药时要喷在植株中下部,施药时田间最好保持 3~4 厘米的浅水层,并且保持 5~7 天,以提高防治效果。用药后 7~10 天应到田里普查 1 次,发现虫量多时应补打 1 次,以进一步控制稻飞虱对水稻的危害。

第十二章　水稻螟虫的防治

水稻作为我国主要的粮食作物，其产业发展与我们的生活息息相关。而有一种害虫极大地威胁了水稻的生产，那就是水稻螟虫，俗称钻心虫、白穗虫。它们是水稻的"头号杀手"，具有年发生世代多、危害程度重、危害范围广等特点，且防治难度大，已成为制约我国水稻生产的重要因素之一。

▶ 第一节　大螟的形态特征和为害症状

大螟在我国各个稻区都有分布，长江以南发生偏重。它的寄主有水稻、小麦、玉米、茭白、蚕豆、油菜等。

大螟的幼虫身体肥胖，老熟时身体粗壮，身体长 20~30 毫米，头红褐色，身体背面呈紫红色（图 12-1）。

图 12-1　大螟老熟幼虫

大螟的成虫（图 12-2）身体长 12~15 毫米，翅展宽 27~30 毫米，身体肥大，雌蛾的身体较大一些。头胸部灰褐色，腹部淡褐色，前翅近长方形，淡灰褐色，外缘颜色比较深，从翅基到外缘有一条暗褐色的线纹。

图 12-2 大螟成虫

大螟的蛹比较肥大，黄褐色，蛹长 13~18 毫米，头胸部有白粉状分泌物。

大螟的卵呈椭圆形，褐色，表面有纵纹及横纹，多产于叶鞘内，经常是 10~20 粒聚集在一起，排成 2~3 列。

图 12-3 所示就是被大螟为害的稻株。由于大螟成虫的飞翔力弱，而且喜欢在田边杂草上产卵，因此大螟造成的枯心苗田边较多，田中间较少。大螟的幼虫在茎秆上钻一个洞，躲到里面大吃特吃。里面的茎秆被吃断以后，断口以上的组织就枯死了，于是就形成了枯心苗、白穗等症状。

图 12-3 大螟为害形成的枯心苗

▶ 第二节　二化螟的形态特征和为害症状

二化螟的分布区域比较广,北到黑龙江,南至海南岛,我国南北稻区都普遍发生。它有点像大螟,不仅危害水稻,还能危害茭白、玉米、蚕豆、油菜等。

二化螟的老熟幼虫(图 12-4)体长 20~30 毫米,头部红棕色,身体淡褐色,背面有 5 条棕褐色的条纹。这些是二化螟幼虫的显著特征。

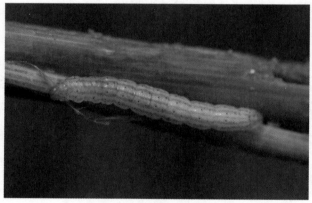

图 12-4　二化螟老熟幼虫

二化螟的成虫(图 12-5)体长 10~15 毫米,灰黄褐色。雌蛾前翅近长方形,外缘有 7 个小黑点。雄蛾体形比雌蛾略小些,身体和翅膀的颜色都比较深。

二化螟的蛹长 11~17 毫米,呈圆筒形,棕褐色。前期背面可以看见 5 条深褐色纵线。

图 12-5　二化螟成虫

二化螟的卵呈扁平椭圆形,长约 1.2 毫米,由数十粒甚至上百粒粘连在一起。

二化螟的危害症状与大螟的危害症状相似,远看难以区分。二化螟钻的孔比大螟小,虫孔外面的虫粪也少。

▶ 第三节　三化螟的形态特征和为害症状

三化螟主要分布在长江流域及其以南的稻区,由北零星分布到烟台。

常见的是三化螟的幼虫,体长 14~20 毫米,淡黄白色,头部黄褐色或淡褐色。

三化螟的成虫体长 8~13 毫米,前翅长三角形,雌虫体形比较大,全身呈淡黄色,两前翅中央各有一个明显的小黑点,腹部末端有一束黄褐色绒毛。雄虫体形比较小,全身呈淡灰褐色,前翅中央也有一个明显的小黑点,翅尖到翅中央还有一条黑褐色斜纹。

三化螟的蛹呈长圆筒形,绿白色,将要羽化的蛹呈褐色,蛹长 10~15 毫米。

三化螟的卵呈扁长圆形,蜡黄色,呈块状,每块有卵粒几十粒甚至上百粒,上面覆盖着黄褐色绒毛。

三化螟食性专一。除了水稻外,它很少光顾别的庄稼,它常以幼虫蛀食水稻为害。三化螟幼虫的危害遍布水稻的整个生育期,在苗期和分蘖期容易造成枯心苗,在孕穗期造成死孕穗,在抽穗期可以造成白穗。

第四节　水稻螟虫的综合防治技术

螟虫危害如此严重，没点办法可不行。由于这几种螟虫的生活习性和发生规律比较相近，因此，可以采取类似的防治方法。

首先咱们来看一下农业防治。这一类措施是通过农艺手段恶化害虫的生活环境，从而达到防治害虫的目的。

在栽培制度上，改单、双季稻共存为大面积双季稻或单季稻，尽量消除有利于螟虫生存的"桥梁田"。同时，合理搭配早、中、晚熟品种，使两头小中间大。适时栽插秧苗，合理管理，使螟虫的盛发期与水稻的分蘖期和孕穗期错开。

冬春期间铲除田边杂草，消灭躲在其中越冬的幼虫和蛹。在卵盛孵前，消除稗草和田边杂草。

螟虫的化蛹期一般在春耕生产季节，这时要及时春耕沤田。将稻桩、稻草、杂草等翻入土中，借以消灭越冬幼虫，减少害虫的基数。

我们还可以采用物理防治的方法，这一方法是利用光、高温或者障碍物等手段，达到杀死或阻碍害虫的目的。生产上应用较成熟的物理防治方法是灯光诱杀成虫。水稻螟虫的成虫对黑光灯和频振式杀虫灯发出的光线有很强的趋性，特别是夜晚，在成虫盛发期，用黑光灯或频振式杀虫灯可诱杀大量成虫，从而降低成虫产卵的量，可以起到很好的预防效果。

除了上面介绍的通用方法外，我们最常用的防治措施就是药剂防治。根据大螟、二化螟、三化螟的不同特点，选用不同的药剂进行防治。

防治大螟，秧苗期当发现枯心苗危害症状时，应及时喷药防治，药剂可以选用18%杀虫双水剂，每亩用200毫升，兑水50千克喷雾。隔5~7天

喷一次，一般防治 2~3 次就可以了。水稻拔节期，用 40%吡虫啉，每亩用 100 克，兑水 50 千克喷雾。孕穗期至抽穗期，每亩用杀虫双水剂 200~250 毫升，兑水 50 千克喷雾，可以达到理想的防治效果。

防治二化螟，秧苗期发现二化螟为害秧苗造成枯心苗时，可以在苗期选择 25%杀虫双，每亩用 100~150 克，兑水 50 千克进行防治，白穗期每亩用 100~150 克 50%乐果乳油兑水 50 千克喷雾，具有很好的杀虫杀卵效果。

针对三化螟，可以在三化螟 1-2 龄幼虫高峰期，每亩用 35%氯虫苯甲酰胺水分散粒剂 6 克或 90%杀虫单粉剂 100 克，也可提前到卵孵始盛期亩用 16000 IU/毫克 Bt 可湿性粉剂 100 克防治，每亩均兑水 30 千克均匀喷雾。

第十三章 稻纵卷叶螟的识别与防治

稻纵卷叶螟俗称卷叶虫、白叶虫、苞叶虫等,是东亚地区一种重要的水稻害虫。我国除新疆和宁夏分布情况不明外,其他各地均有发生。稻纵卷叶螟幼虫取食水稻叶片,影响水稻发育,使秕谷数量增加,降低千粒重,一般可以引起10%~20%的减产,受害重的田块减产60%以上,甚至颗粒无收,严重威胁我国的水稻生产。

▶ 第一节 为害症状

图13-1就是稻纵卷叶螟幼虫的为害症状,它们吐丝把水稻叶片纵向卷曲起来,然后藏匿在卷叶里面,取食叶肉,留下一层表皮,形成白色

图13-1 纵卷的筒状虫苞

条斑。其幼虫一般会用叶丝缀合两边的叶缘,形成向正面纵卷的筒状虫苞。

随幼虫逐渐长大,虫苞也不断向前延长。严重发生时,田里到处都是虫苞,远远望去,整个田块一片枯白,严重减产无法避免。

▶ 第二节　形态特征

稻纵卷叶螟的成虫是一种飞蛾,它本身对水稻并没有直接的危害,不会吃水稻,而仅仅靠取食花蜜来维持生存。成虫体长 8~9 毫米,翅展 18 毫米。身体背面黄褐色,各体节之间有 1 个银白色的圆环,腹部末端有 2 个白色的大斑,斑块之间有 1 条黑色的斑纹。翅膀大部分为黄褐色,前翅有 3 条黑褐色条斑,中间 1 条很短,两边的较长。后翅有 2 条黑褐色条斑,位置与前翅 2 条较长的条斑相对应,停息时,前、后翅的黑褐色条斑可以连成 1 条线。除了黑褐色条斑以外,前翅和后翅的外缘还有 1 条黑褐色的宽边,停息时,前、后翅的宽边也相互连接在一起。

雄成虫和雌成虫的形态略有不同:雄成虫(图 13-2)的前翅前缘中央

图 13-2　稻纵卷叶螟雄成虫

图 13-3　稻纵卷叶螟雌成虫

有 1 个突起的小黑点,在小黑点附近有暗褐色毛和黄褐色毛组成的毛簇。而雌成虫(图 13-3)的这个部位就没有小黑点和毛簇。雌成虫不直接为害水稻,它的使命就是繁殖后代,和雄成虫交配之后,大约经过 3 天,雌成虫就能够产卵了。成虫可以存活 6~17 天,产卵期 4~5 天。

稻纵卷叶螟的卵呈扁平椭圆形,乳白色。在气温 30 ℃左右条件下,卵 4 天以后就能孵化为幼虫了。初孵幼虫体长 1~2 毫米,头黑色,身体淡黄绿色。随后,3~5 天蜕皮 1 次,长大 1 龄,幼虫共 5 龄。5 龄幼虫(图 13-4)体长 14~19 毫米,前胸背板有 4 个黑点,头褐色,身体黄白色至橘黄色。

图 13-4　稻纵卷叶螟老熟幼虫

稻纵卷叶螟整个幼虫期持续 15~26 天。之后,幼虫就会化蛹。蛹体长 7~10 毫米,黄褐色,圆筒形,尾部尖削,各腹节背面的后缘隆起,气门明显突起。6~7 天以后,蛹就羽化为成虫了。

我们已经认识稻纵卷叶螟了,为了更好地防治它,我们还必须了解它的发生规律,只有弄清楚了它的发生规律,才能做到有的放矢,对症下药。

▶ 第三节　发生规律

稻纵卷叶螟在我国从南到北,一年发生 1~11 代,大致可以分为 5 个区域:

南海 9~11 代区,主要是海南、台湾南部、广东南部和云南南部。这些区域里,稻纵卷叶螟可以周年为害,没有越冬现象。

岭南 6~8 代区,从前一个区域往北至南岭山脉。

江岭 5~6 代区,地理位置从南岭山脉至长江以南。

江淮 4~5 代区,地理位置从长江至淮河沿线。

北方 2~3 代区,包括华北、东北各地。

稻纵卷叶螟是一种迁飞性害虫,每年春季,成虫随季风由南向北而来,随气流下沉和雨水拖带降落下来,成为非越冬地区的初始虫源。我国东半部春夏季自南向北有 5 次迁飞过程,依次迁入上述 5 个区域;7—8 月受台风影响,岭北和沿江江南稻区的成虫开始向南回迁,北方稻区 9 月上旬至 10 月中旬成虫有两次向南回迁的高峰,在南方以幼虫和蛹越冬,或继续繁殖为害。在成虫迁入、迁出期间,田里的成虫数量会出现突增、突减的现象。因此,当我们看到一夜之间田里到处都是稻纵卷叶螟成虫的时候,就不要觉得奇怪了。

稻纵卷叶螟成虫昼伏夜出,白天多藏匿在植株丛中。成虫大多将卵产在圆秆拔节期和幼穗分化期的嫩绿稻田中。初孵幼虫大多在稻苗心叶、嫩叶鞘内取食。3龄幼虫啃食叶肉呈白斑状,纵卷叶片虫苞长10~15毫米,称"卷筒期"。4龄、5龄幼虫食量猛增,它们的食量占幼虫总食量的94%,此期称为"暴食白叶期"(图13-5)。1头幼虫一生可以吃掉6~10片叶,为害很大。幼虫生性活泼,当剥开卷叶时,幼虫就会迅速倒退,甚至跌落掉地。

图13-5　稻纵卷叶螟为害形成的虫苞

稻纵卷叶螟的生长发育需要适宜的温度和高湿环境。适宜生长的温度为22~28℃,空气相对湿度在80%以上。水稻发育期田间阴雨多湿,有利于稻纵卷叶螟的发生;高温、干旱或低温的条件都不利于它的生长,对水稻的为害就小。在29℃以上,相对湿度80%以下时,雌成虫基本不产卵,幼虫孵化率也很低。气温如果超过35℃,相对湿度低于80%,低龄幼虫就会很快死亡。

水稻品种不同,受稻纵卷叶螟为害的程度也有所不同。一般叶色深绿、宽软的比叶色浅淡、质地硬的品种受害重;矮秆品种比高秆品种受害重;杂交稻比常规稻受害重。在栽培措施方面,偏施氮肥或施肥过迟,造成禾苗徒长,植株含氮量高,容易吸引成虫产卵,并且有利于幼虫结苞为害,水稻受害就重。

▶ 第四节 防治方法

一 农业防治

选择水稻叶片窄细挺直、叶片质地硬、叶色浅的品种,可以减轻稻纵卷叶螟的危害。加强肥水管理对防治稻纵卷叶螟也很重要。适当调节搁田时期,降低幼虫孵化期的田间湿度,或者化蛹高峰期灌深水 2~3 天,都能收到较好的防治效果。

二 保护和利用天敌

稻纵卷叶螟的天敌种类多,例如蜘蛛、青蛙等,减少农药的使用次数,使用生物农药或者低毒农药,减少化学农药对天敌的杀伤,能够起到很好的自然控害作用。

三 药剂防治

考虑到水稻孕穗期至抽穗期受害损失大于分蘖期,现在提出的防治指标是分蘖期每 100 丛水稻有 150~200 头幼虫,孕穗期每 100 丛水稻有 100~150 头幼虫。如果田间幼虫数量超过这个指标,就需要及时喷药防治了。防治适期为 2 龄幼虫高峰期。

药剂可以使用生物农药苏云金杆菌制剂,也就是人们常说的"Bt",它的有效成分是一种细菌,因此不会污染环境,对操作者也没有任何毒性作用。每毫升含 100 亿活芽孢的 Bt 悬浮剂,每亩用量 150~200 毫升,兑水 50 千克常规喷雾。

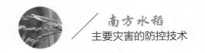
　　施用时要注意天气,最好在阴天或弱光照时用药。如果阳光猛烈,紫外线会把 Bt 菌杀死。晴天时施药,一般在上午 10 时前或下午进行。当田间虫口密度大时,为了尽快消灭害虫,可以加入少量除虫菊酯类农药如氯氰菊酯等,一般在喷雾器中加 1~2 毫升就可以了。施用 Bt 悬浮剂时不能与杀菌剂混用。

第十四章　水稻蓟马的识别与防治

水稻是我国栽培面积最大、总产量最多的粮食作物。水稻害虫种类很多,有近400种。蓟马在分类上属于昆虫纲缨翅目,是一类微型或小型昆虫,小到很容易被人们视而不见。但在水稻生产中,可不能对蓟马视而不见!

水稻蓟马是为害水稻的蓟马的总称。在我国,为害水稻的蓟马主要有稻蓟马、稻管蓟马、禾蓟马等。不同的蓟马,在我国的分布区域也不相同。稻蓟马主要分布在长江流域及华南诸省,稻管蓟马的分布则遍及东北、华北、西北、长江流域及华南诸省,禾蓟马在贵州、湖北、湖南、江苏等局部地区发生较重。

下面,先介绍一下这3种蓟马的识别技术。

第一节　形态特征

在水稻害虫的大家庭中,"细小"是水稻蓟马最直观的特征。它们的成虫长1~2毫米,宽0.2~0.4毫米,因此,它们看上去都很细小。若虫的体形则更小,肉眼都难以看清。

除了体形以外,翅膀是它们最独特的地方。它们的翅膀比较狭长,边缘整齐地排列着璎珞一样的毛,这是它们独一无二的鉴别特征。由于它们的体形很小,所以,只有借助放大镜或者显微镜才能看得清楚。掌

握了这两个特征,我们就可以将水稻蓟马和水稻其他害虫区分开来。

那么,怎样才能区分出这 3 种水稻蓟马呢?由于它们都很小,不容易观察,而专业的鉴别需要依靠头部那些微小的鬃毛的数量和分布位置,没有专业知识和设备是无法完成的。因此,就不介绍这些专业的鉴别特征了,只介绍一些简易的区分方法。

我们先来说说成虫。它们的身体都是黑褐色的,仅部分雄虫或刚羽化的成虫,身体颜色稍浅。稻蓟马成虫体长 1.1~1.3 毫米;禾蓟马体长 1.3~1.5 毫米;稻管蓟马是它们之中最大的,体长 1.7~2.2 毫米。稻管蓟马停息的时候,翅膀是交叉着重叠在体背中间的;而稻蓟马和禾蓟马的翅膀则平行地放在身体两侧。稻管蓟马(图 14-1)成虫的腹部末端呈管状,而稻蓟马(图 14-2)和禾蓟马的腹部末端则呈锥状,显得不那么细长。稻蓟马和

图 14-1　稻管蓟马

图 14-2　稻蓟马

禾蓟马的成虫就不那么容易区分了，只能依靠触角上的一点点区别进行简单的识别。稻蓟马的触角为褐色，但从第 2 节上半部分到第 4 节颜色较浅，而禾蓟马的触角则是从第 3 节到第 5 节的下半部分颜色较浅。

这 3 种蓟马的若虫非常相似，难以区分，我们就不具体介绍怎样鉴别它们了。它们的若虫都比成虫小，身体黄白色至淡黄色，没有翅膀。根据发育情况，若虫可分成 4 个龄期。1 龄和 2 龄若虫行动活泼，是为害水稻的主力军之一；3 龄若虫行动迟缓；4 龄若虫基本上不吃也不动，专心地等待着羽化为成虫那一刻的到来。

▶ 第二节　为害症状

俗话说，人不可貌相。对蓟马来说，也是一样。别看它个头小，为害起水稻来，可一点也不含糊。它们用尖锐的口针戳破水稻叶片、颖花等幼嫩的部位，然后吸食稻株流出来的汁液。被害叶片上出现黄白色小斑点，随后叶尖逐渐纵卷、枯黄，严重时成片秧苗发黄、发红，如同火烧过一样。

稻苗严重受害时，稻株返青和分蘖生长受阻，稻苗坐蔸。最重要的是，由于它们体形太小，人们往往易忽视，直到整个田块里的叶尖都卷曲了，还没能意识到它们的为害。尤其是在苗期，如果把秧苗叶尖纵卷误认为是水肥管理不当，或者发生了病害，往往就会贻误防治时机，对秧苗造成很大的伤害，从而降低秧苗质量。在水稻扬花期，颖花受害以后，长出的稻穗往往干瘪不实，致千粒重减轻，影响水稻的产量和品质。

 **第三节 发生规律**

在发生规律上,3种蓟马大体相似,但又各有特点。

稻蓟马主要为害水稻,使水稻秧苗和分蘖期受害最重,并且它能为害小麦、玉米。稗草、看麦娘等禾本科杂草是它的主要寄主,在稻蓟马越冬和早春的生存方面起着重要作用。稻管蓟马主要为害小麦、高粱,但在水稻抽穗扬花期,也经常发现其为害。禾蓟马在江苏、湖北、湖南、贵州等地,在水稻穗期为害严重。

下面我们以稻蓟马为例,介绍一下水稻蓟马的发生规律。

蓟马成虫和若虫都比较怕光,晴天时大多躲藏在心叶或卷叶里,傍晚或阴天才爬行到水稻叶面上活动。成虫将卵散在叶片正面叶脉间的表皮组织内,对着光查看的时候,能够看到针孔大小的边缘光滑的半透明卵粒。1头雌虫一生可产卵100粒左右,而水稻蓟马生活周期短,一年能够发生十几代,所以稍不注意,其数量就能够迅速飙升。在田间,秧苗自二叶期开始见卵,以四至五叶期秧苗上卵量最多,秧苗带卵量大时能造成本田初期的严重危害。

初孵若虫先隐藏在心叶卷缝间、叶腋和卷缩的叶尖等幼嫩隐蔽处取食,随后分散到嫩叶上为害,被害叶初期出现白色至黄褐色的小斑痕,继而出现叶尖纵卷枯萎的现象。

生长嫩绿的水稻,容易招引蓟马集中为害,受害往往比较严重。到水稻圆秆拔节期后,虫口显著下降,以后稻叶组织硬化,稻蓟马除少部分留存于无效分蘖和稻穗上为害以外,大多转移到晚季秧苗和田边游草上为害。

到10月中旬以后,水稻处于生长中后期,稻蓟马很少在水稻上继续为害,都转移到田边幼嫩的杂草上,特别是游草上取食、存活。稻管蓟马在水稻生长期内均有出现,发生数量比稻蓟马少。稻管蓟马多发生在水稻扬花期,并在颖花内取食、产卵繁殖,被害稻穗出现不实粒。

▶ 第四节　防治方法

水稻蓟马普遍发生并且日趋严重的原因,除了人们没有足够重视它的危害以外,也与各地普遍使用广谱性化学农药防治水稻害虫,导致蓟马天敌数量减少有很大关系。下面介绍一下具体的防治措施。

一　除草防虫

游草等禾本科杂草是水稻蓟马的越冬场所和重要食物来源,因此,冬春期清除杂草,特别是秧田附近的游草,是解决稻蓟马初侵虫源的有效措施。使用药剂防治水稻蓟马的时候,也要喷一下稻田附近的杂草,防止游草上的蓟马转移到稻田为害。

二　水稻品种合理布局

水稻蓟马发生时间长,因此,如果水稻品种布局不合理,不同品种类型、不同熟期的水稻插花种植,水稻蓟马就可以在各个稻田之间辗转为害,所以,应该使同一类型、同一品种的稻田集中栽插。

三　保护天敌

水稻田中除了害虫外,还有很多天敌,比如蜘蛛、瓢虫等,它们都能捕食蓟马。喷药防治水稻害虫时,应该尽量避免使用广谱性的杀虫剂,以保护天敌,充分发挥天敌对害虫的控制作用。

（四）药剂防治

药剂防治的策略是狠抓秧田、巧抓大田、主防若虫、兼防成虫。秧田自二叶期后，本田自返青后，每 2~3 天调查卷叶 1 次。同时要抓好晚稻秧田的防治，注意早稻分蘖初期和穗期的挑治。一般秧田卷叶率达 5%、百株虫数有 100~200 头，本田卷叶率达 10%、百株虫数在 200~300 头时，即为施药适期，应尽快施药。药剂可选用 10% 烯啶虫胺水剂 1 000 倍液，或 5% 阿维菌素乳油 1 000 倍液，或 10% 吡虫啉可湿性粉剂 1 000 倍液。此外，水稻受害后，长势衰弱，可根据实际情况，进行适当补肥。

第十五章 水稻田间杂草的识别与防除

根据中国农业部植物保护总站近年来的调查,我国的农田常见杂草有 580 多种,其中稻田杂草约 129 种,占 22%,它们对稻田作物的危害还是不小的。因此,识别并防除稻田杂草就显得十分重要。

▶ 第一节 水稻田间杂草的识别

水稻田间杂草种类很多,比较常见的有稗草、空心莲子草、异型莎草、鸭舌草、节节菜等。那么,如何来识别这些杂草呢?

一 稗草

稗草是一年生禾本科稗属植物的总称,又称稗子、芒稗、水稗草,它们广泛分布在我国各个地区,是农田恶性杂草。

形态识别:稗草(图 15-1)的成株株高 50~130 厘米,秆直立或基部倾斜,无毛,丛生。叶扁,松弛,绿色或微带紫色;无叶舌,叶片条形,中脉比较宽,呈白色。花期 7—9 月,花序绿色或紫绿色,呈圆锥形。颖果呈白色,椭圆形。稗草主要用

图 15-1 稗草

种子繁殖。

习性与危害：稗草在我国常发生在晚春或夏季，它们主要生长在湿地或水中，是沟渠和水田及其周围环境的常见杂草。春季地温稳定在 10 ℃以上时开始出苗，7—8 月开花，8—9 月成熟。土壤湿润、无水层时，发芽率最高。

二 空心莲子草

空心莲子草是一年生或多年生水生杂草，别名水花生、空心苋等，它原产于巴西，最初由北京、江苏、浙江、湖南、四川等省市引种栽培，以后迅速繁殖蔓延为野生，成为我国南方稻田的常见杂草。

形态识别：空心莲子草（图 15-2）的成株株高 55~100 厘米。茎基部匍匐在地面上，上部斜生，中空，具有不明显的四棱。根从茎节的地方生长出来；叶对生，有短柄，叶片长椭圆形至倒卵状披针形。头状花序单生在叶腋处。花白色，有时不结籽，由根茎出芽繁殖。因此，空心莲子草既可以用种子繁殖，也可以用匍匐茎繁殖。

图 15-2 空心莲子草

习性与危害：空心莲子草适合生长在池塘、沟渠、河滩湿地或浅水中，无论水田还是旱田都能生长。在我国南方各省，空心莲子草从 2 月下旬开始，由地下根茎抽出新芽，6—10 月开花，11 月下旬冰冻后地上部枯死。

三 鸭舌草

鸭舌草是雨久花科一年生草本植物,别名鸭仔菜、兰花草、菱角草、田芋等,广泛分布在我国各省区。

形态识别:鸭舌草(图 15-3)的成株株高 20~30 厘米;它的主茎极短;植株基部生有匍匐茎,海绵状,多汁;有 5~6 片叶,卵圆形或卵状披针形,顶端逐渐变尖;总状花序从叶鞘内伸出,花被蓝紫色。

图 15-3　鸭舌草

习性与危害:鸭舌草通常在 4 月下旬开始发芽,5—6 月发生量较大,9—10 月开花结实,11 月枯死。它通常生长在湿地或浅水中,繁殖力强,但出苗不整齐,进入水稻生育中期,仍有新苗长出来。

四 大狼把草

大狼把草又称鬼叉、鬼针、鬼刺、左老婆针,是菊科一年生草本植物。它原产于北美,后传入我国并造成危害。在我国主要分布在上海、江苏、河北等地。

形态识别:大狼把草(图 15-4)的成株株高 20~90 厘米,茎直立,上部有许多分枝,有棱,常带暗紫色。叶对生,有柄,椭圆形或披针形,边缘有

粗锯齿,下部有疏短的柔毛。头状花序单生在植株的茎端或枝端,管状花呈黄色。瘦果扁平,长圆形至倒卵形,有刺状冠毛1对。通常用种子繁殖。

习性与危害:大狼把草通常生长在稻畦、水沟边及周围的水湿地,是危害稻田的重要杂草。花果期在每年的9—11月。

图 15-4　大狼把草

（五）眼子菜

眼子菜是眼子菜科多年生水生漂浮草本植物,别名竹叶草、水上漂、鸭子草等,在我国各省区都有分布。

形态识别:眼子菜(图15-5)的茎较细长,节上生根,匍匐生长。叶片分浮水叶、沉水叶两种。浮水叶黄绿色,叶表光滑,长椭圆形;沉水叶狭长,叶缘波状,褐色。穗状花序从浮水叶的叶腋处抽生出来,花呈黄绿色。小坚果宽卵形,背部有3个脊,侧面两条较钝,基部有2个突起。

习性与危害:眼子菜的花果期在每年的6—8月。它主要生长在稻田中、池塘及河流的浅水处,通常用地下茎繁殖,繁殖力强,是危害稻田的恶性杂草。

图 15-5　眼子菜

六　鳢肠

鳢肠是菊科一年生草本植物,别名旱莲草、墨草,它在我国各省区都有分布,主要为害水稻、棉花以及一些豆类和蔬菜类植物。

形态识别:鳢肠(图 15-6)的成株株高 15~60 厘米,茎从基部和上部分枝,直立或匍匐生长,呈绿色或红褐色。叶对生,无柄或基部叶有柄,叶片上有一层茸毛,叶片呈披针形。头状花序从茎顶端或叶腋处抽生出来,边缘的花呈舌状,中间的花呈筒状。筒状花的瘦果三棱状,舌状花的瘦果四棱形,表面有瘤状突起。

图 15-6　鳢肠

习性与危害：鳢肠喜欢生长在潮湿的环境中，在我国5—6月出苗，7—9月开花,10月结果。

七 千金子

千金子是禾本科一年生杂草,分布在华东、华南和四川、贵州等地,主要危害水稻等水生作物。

形态识别:千金子(图15-7)的成株株高30~90厘米,秆丛生,上部直立,基部膝曲,光滑无毛。叶片扁平,顶端逐渐变尖。圆锥花序,小穗有短柄或近无柄,排列在穗轴的一侧,顶端紫红色。颖果长圆形。通常用种子繁殖。

图15-7　千金子

习性与危害:千金子常发生在水边湿地,在直播稻田和栽秧后缺水的稻田,千金子往往危害比较严重。在我国每年的6—7月开花,8月结果。

八 四叶萍

四叶萍是萍科多年生水生杂草,别名田字萍,广泛分布在长江以南、河北、陕西、河南等省区,黑龙江、广东也有分布。

形态识别:四叶萍(图15-8)的成株株高5~20厘米,根茎比较细长,埋在地下或匍匐生长在地面上。根茎上有节,节上生出不定根和叶,节下生出许多条须根,繁殖极快。叶柄细长,有 4 个呈倒三角形的小叶,排列成十字,叶表有光泽。主要用根茎或孢子繁殖。

图 15-8 四叶萍

习性与危害:四叶萍多生长在池塘中、水田中和沟边,主要为害水稻和茭白等水生作物。在我国,3 月下旬至 4 月上旬从根茎处长出新叶,5—9 月继续扩展或形成新的根芽和根茎。

九 长芒稗

长芒稗是禾本科一年生草本植物,广泛分布在我国各地。

形态识别:长芒稗(图 15-9)的秆直立生长,成株株高 80~100 厘米。叶鞘光滑无毛;叶片线状披针形,顶端逐渐变尖,有绿色的细锐锯齿。通常用种子繁殖。

习性与危害:长芒稗的生育期主要在每年的 5—10 月,花果期在 7—10 月,多生长在水边、湿地里、水田中,是水田中的主要杂草。

图 15-9　长芒稗

十　菵草

菵草又称水稗子,是禾本科一年生草本植物。在我国各地都有发生。

形态识别:菵草(图 15-10)的成株株高 30~90 厘米,秆直立,有 2~4 个节;叶鞘多生长在节间,无毛;叶片扁平。

习性与危害:菵草的分蘖能力较差,主要用种子繁殖。在我国,菵草一般在 5 月发芽出土,6—8 月开花结实,种子成熟后立即枯黄。菵草喜欢生长在浅水中及潮湿的地方,是长江流域及西南地区水田中的常见杂

图 15-10　菵草

草,并且是水稻细菌性褐斑病及锈病的寄主。

十一 陌上菜

陌上菜是玄参科母草属一年生草本植物,广泛分布在我国各地。

形态识别:陌上菜(图 15-11)的茎直立无毛,从基部分枝,高 5~20 厘米;叶无柄,对生,叶片椭圆形;花小,粉红色;根系发达,细密成丛。主要用种子繁殖。

图 15-11　陌上菜

习性与危害:陌上菜在每年的 7—10 月开花,9—11 月结果,喜欢生长在潮湿、积水的地方,是稻田和路边的常见杂草,发生量比较大,危害也比较严重。

十二 雨久花

雨久花是雨久花科雨久花属一年生沼生草本植物,在我国主要分布在华北和华东地区。

形态识别:雨久花(图 15-12)的成株株高 30~80 厘米,根状茎粗壮,下部着生纤维根。全株光滑无毛。叶片广卵状心形,顶端逐渐变尖。叶柄较短。

图 15-12 雨久花

习性与危害：雨久花的苗期多处在春夏季，花果期在夏秋季。雨久花多生长在水沟及浅水滩中，在东北地区稻田发生数量较大，危害严重；华东地区稻田发生数量较少。

十三 水蓼

水蓼又称辣蓼、水马蓼，是蓼科一年生草本植物。

形态识别：水蓼(图 15-13)的成株株高 30~70 厘米，茎直立或下部伏地生长，根从茎着地的部位长出来。叶互生，有短柄；叶片披针形，顶端逐渐变尖，基部楔形。花序细长，呈穗状，从植株顶端或叶腋的部位抽生出来；花淡红色或淡绿色。

图 15-13 水蓼

习性与危害：水蓼喜欢生长在湿润的地方，可以常年生长在水中，根系发达，常大面积密生危害农田，主要为害水稻和其他低湿地作物。

▶ 第二节　水稻田间杂草的防除

水稻田间杂草是影响水稻高产优质的重要因素，不仅同水稻争肥、争光、争空间，影响稻苗正常生长，而且成为水稻病虫害的中间寄主和传播媒介，加重水稻病虫害的危害程度。化学除草具有快速、高效、省力的优点，是当前控制水稻田间杂草的关键措施。水稻田间杂草化学防除应以预防为主，尽量把大量杂草消灭在萌芽期和幼苗阶段。

一　直播稻田杂草防除

直播稻田杂草和水稻同步生长，发生期长，加上水稻播种后干湿交替，十分有利于旱生和湿生等多种杂草的生长。因此，杂草种类多，除草难度大，技术要求高。只有根据直播稻田杂草的发生规律，选用对路药剂，掌握施药技术，才能安全、有效地防除直播稻田中的杂草。目前，直播稻田化学除草已经形成了"一封、二杀、三补"的技术体系。

"一封"：在水稻播种后出苗前灌一次透水，等水自然落干后进行第一次化学除草。可以选择42%丁·乳油120~150毫升或40%丙·苄80~120克，兑水40~50千克在土壤表层均匀喷雾，能够有效地控制第一个出草高峰的发生。

"二杀"：由于直播稻田杂草量大，出草期长，通常一次防除不能控制全部杂草。因此要做好中期水稻田杂草的防除工作，应针对杂草的种类，对症下药。防除千金子每亩可使用10%氰氟草酯乳油60~80毫升，兑水50千克进行茎叶喷雾处理；防除稗草、马唐等杂草，可以先排干田间积

水,然后每亩用 50%二氯喹啉酸可湿性粉剂 40~50 克,拌毒土 15~20 千克均匀撒施到田间。

"三补":在直播水稻生长后期,阔叶杂草和莎草科杂草危害比较严重。可以在水稻拔节前,往田间灌 3~5 厘米深的水,每亩用 10%苄嘧磺隆可湿性粉剂 30 克加 20%二甲四氯 150 毫升,兑水 30 千克均匀喷雾,施药后保持水层 4~5 天。

二 育秧移栽水稻田杂草防除

1.秧田杂草防除

播种后出苗前,每亩用 60%丁草胺乳油 100 毫升,加水 50 千克,在土壤表层均匀喷雾,进行土壤封闭处理。

在秧苗二叶一心期,稗草 2~5 叶期,每亩秧田用 30%二氯喹啉酸可湿性粉剂 35 克,加水 50 千克,均匀喷雾,进行苗期茎叶处理。

2.大田杂草化学防除技术

在水稻移栽后 4~6 天,先向稻田中灌水 3~5 厘米深,注意不要使水淹没水稻心叶,然后每亩用 60%丁草胺乳油 100 毫升,拌毒土 20 千克在稻田中均匀撒施。施药后,保持 3~5 厘米深的水层 5 天左右,可以有效防除稗草和莎草科杂草。

在水稻拔节期,先向稻田中灌水 3~5 厘米深,然后每亩用 20%苄·乙可湿性粉剂 30 克或 14%稻草畏可湿性粉剂 40~50 克,拌细潮土 20 千克,在露水干后均匀地撒施到水稻田中,并保持水层 5 天左右,可以兼防稗草、莎草科杂草、阔叶类杂草等多种杂草。